ALCO

EVERAGES 2023

1ST EDITION

100支酒與我和他和你

方啟聰 | 靈思

[著]

推薦序一

古時神農嚐百草，為後世奠定了中國醫術的基礎。後有金庸小說《倚天屠龍記》的蝶谷醫仙胡青牛與善用毒藥的妻子王難姑，為求印證雙方的醫學造詣，互相比拼，各自施展渾身解數，女方不惜以性命為賭注，務求要令對方臣服，最後也互相欣賞，成為佳話。

今有啟聰與靈思，為追求酒中的真諦及其背後的故事，也品嚐了百款不同的美釀，鉅細無遺地寫下每款美酒的往事或其前世今生，加上這些元素注入了生命能量，令品酒有另一番體會。

兩位作者各自從不同的角度為百款佳釀寫下筆錄，啟聰以理性方式去勾畫出酒的面貌，而靈思卻以感性手法帶出酒與人之間的關係，正如：「武林至尊，寶刀屠龍，號令天下，莫敢不從！倚天不出，誰與爭峰？」這可是陰陽的結合，將兩者關連一起，本來是不同的路向，卻冥冥中走在一起，從而擦出了不一樣的「酒花」。

品酒究竟是怎麼回事？每個人對酒都會有不一樣的體驗，其嗅覺、味蕾、經歷、環境及情緒等都會對酒的品嚐產生不同的感受。我則偏向憑當時的個人狀況與喜好作導向，並配合當時的環境而作出對酒的評價，這也是隨緣的表現吧！

實際上每款酒有其獨特的地方，其風格、味道等都不一樣。這也是酒令人嚮往之處，會令人不停地嘗試、不停地追求。雖是百家爭鳴，但百川匯海，萬物歸宗。

這本書，由啟聰與靈思合著，有著不同的風格，卻帶出令人對酒的思考，不用去了解酒的軀殼與靈魂，也不用刻意去領悟酒與我、你、他的關係，這是品酒後的自然反應而已。反正「人生在世不稱意，明朝散髮弄扁舟」。

黃家和，BBS，JP

香港餐飲聯業協會會長

香港食品及飲品行業總會主席

推薦序二

《100 支酒與我和他和你》不僅是一本品酒的書，作者也和讀者分享每一支酒背後的故事和這支酒帶來對生命、人生、愛情和境遇的反思和體驗。這些小故事也記錄了兩位作者共同創立蜜蜜啤手工啤酒的創業經歷，例如如何面對挑戰、對品質的追求和堅持，以及他們推動品酒文化的努力和過程，包括 2016 年創立品味潮人（Tasting Trendies），以創意、活動推廣酒遊世界品味潮流；2017 年舉辦香港品味潮人清酒大賞（TTSA）清酒比賽，至今成為亞洲（日本以外）歷史最悠久的清酒比賽；2018 年開辦品評啤酒課程品味潮人啤酒品評師證書課程。從各個小故事中，我也深深感受到香港和海外釀酒師對釀酒方法研究的努力和對品質的追求。

閱讀這書時讓我想起了陶淵明的〈飲酒詩二十首〉其七：「秋菊有佳色，裛露掇其英。汎此忘憂物，遠我遺世情。一觴雖獨進，杯盡壺自傾。日入群動息，歸鳥趨林鳴。嘯傲東軒下，聊復得此生。」

詩中首 4 句謂美好的菊花被露水濕潤，盡顯清靈之氣。詩人摘下花瓣來泡酒（忘憂物），見花瓣漂浮於酒上，世間的煩事，頓時遠離。這頓時使我想起了作者創釀的蜜蜜啤洛神花手工啤酒和世外桃源德式小麥手工啤酒，和詩人描述的有異曲同工之妙。詩最後兩句說詩人飲了菊花酒後，則嘯傲於東窗之下，復得了人生的真意。本書作者在品酒後對生命和人生的反思，正是陶淵明飲酒的旨趣。

感謝靈思邀請我為這書作序。讓我和他和你一同舉杯，聊復得此生。

李志明
中英劇團司庫
特許公認會計師公會（ACCA）全球會長（2017-2018）

推薦序三

在日本，「sake」的意思是酒精類飲料，任何的酒精類飲料！考慮到這一點，這是一個與香港啤酒傳奇人物 Tomy 和 Kennie（靈思）交流的好機會。出於對發酵穀物的熱愛，他們找到了進入日本酒（Nihonshu，我們大部分人所說 sake 的官方名稱）世界的途徑，並且他們有舉辦香港首個清酒大賞賽的宏大願景！對我來說，他們將我們的 Sake Central 視為合作夥伴場所是我的榮幸。

第一屆香港品味潮人清酒大賞是在新冠疫情前舉行的。經過一整個下午緊張的評審以後，每個人都聚在一起享受著清酒，情緒高漲地喝了一支又一支。然而，由於疫情的關係，接下來的幾年面臨著艱鉅的挑戰。但這些挑戰並沒有阻止 Kennie 和 Tomy，我們集思廣益，想方設法舉辦規模較小的大賞賽。結果，史無前例，我們成功幫助到最需要被推廣的小型清酒釀造廠。

我和他們一樣義無反顧地支持清酒行業，我相信，只要我們一起，便可以做更多的事情！

別忘記日本酒只是日本其中一種手工酒精類飲料，燒酎（Shochu）和泡盛（Awamori）也有數百年的歷史，理應受到關注。我們很幸運生活在一個能夠獲取知識和與匠人交流的時代。

這本書充滿了軼事和參考資料，來自那些進行研究、會見製造商和參觀產品誕生地的人。

我最初以侍酒師的身份進入食品和飲料的世界，雖然我仍然熱愛葡萄酒，但我的味覺確實得到了擴展！知道全球有如此龐大的學生社群，我對未來感到更加強大和興奮，更不用說我們在香港的情況了，而且大多數人都樂於分享信息，以改善整個行業。

這本書可讓你深入了解酒精類飲料世界，一定要找到裏面所提及的不同的酒，並在家裏品嚐，但不要一次喝完這麼多款！

Elliot Faber，清酒武士（Sake Samurai）
Sake Central 和 Sunday's Spirits 聯合創辦人

推薦序四

我是 Eddie Nara，香港和澳門 Whisky & Gin Ambassador programmes 的首席導師。我是亞洲第一位獲得 Society of Wine Educators 認證的烈酒教育家、葡萄酒與烈酒教育基金會（WSET）認證教育家、國際葡萄酒暨烈酒競賽（IWSC）和香港國際葡萄酒暨烈酒競賽（HKIWSC）的國際烈酒評委，也是一位許多著名雞尾酒大賽的評委。

我認識 Kennie 和 Tomy 很多年了，因為我們都有相同的熱情，那就是與我們的朋友和家人分享對酒類飲品的熱愛。我也有幸參加了 Tomy 的啤酒課程，同樣，Kennie 和 Tomy 都通過參加我的課程成為了威士忌大使。

雖然 Tomy 以對啤酒的熱情而聞名，但他對許多其他酒類飲品有著深入的知識和了解。很高興見證這本書的誕生，更榮幸受邀撰寫這篇序。

本書精選了 100 款不同的酒精飲品，除了他們的個人品酒筆記外，還以生動活潑的風格書寫他們如何與這些飲品聯繫在一起的故事。

簡而言之，本書中的故事與我們的生活息息相關。所以閱讀前一定要給自己倒一杯酒，一杯適合你將要閱讀的故事的酒。

Eddie Nara, CSE

Society of Wine Educators 認證的烈酒教育家

自序一

不經不覺距離我出版第一本書《走進手工啤酒世界》已經有 5 年多的光景，主業不是作家的我，能夠藉著文字分享我對酒的熱誠是一份榮幸。感謝天父給我的一切，今次更能與帶我信主、幫我決志、我的經理人及商業拍擋合著，更是恩典！同樣也在多年前已經出版書籍的她給了我很多寶貴意見，而最重要是能令我感覺到我在酒類知識文化推廣這條路並不孤獨，能夠把興趣變成事業，她功不可沒。

這本書主要集結了多年來我品嚐過而又有比較深刻印象的佳釀，而不單只是酒的味道令我深刻，同時配合當時的環境、心情、酒伴而產生的連結，所以每篇也有故事，有感性，有即興，有肺腑，但更多的是快樂的回憶。

本書提及多款酒精類飲品，包括手工啤酒、葡萄酒、清酒、威士忌、中國白酒和烈酒，每一項都博大精深，要寫的話幾十本書也寫不完，所以我們用了深入淺出而又輕鬆生動的寫作手法，希望藉著此書使讀者能正面看待酒精類飲品，從而提起大家對酒精類飲品的興趣。

感謝一直支持我的家人和朋友，你們對我的關心很重要，畢竟近年做生意不容易，要本著初心經營，努力做到不亢不卑更難，真是一步一腳印。還要謝謝我的兒子，你長大了，很生性，不用我太粗心，家人永遠是你的最強後盾，爸爸愛你！當然還有要多謝正在閱讀的你和他。無論你是為興趣而閱讀這本書，又或者你是業內人士，我都希望你們能把酒類文化傳承下去。每一支酒都需要時間釀造，需要釀造團隊的心血，大家要細味品嚐，好好珍惜。

最後，感謝三聯的專業團隊，使我能一心一意專注於寫作。

方啟聰（Tomy）

自序二

不勝酒力的我從來沒想到會涉獵酒界，還要寫作關於酒的文章，實在奇妙！當初全因 Tomy 幾句「我所推動的是品酒文化，非叫人買醉」、「你要尋找佳餚昇華味道，懂搭配美酒才能得到最高享受」，就此我便隨他走進手工啤酒，接著葡萄酒、清酒⋯⋯幾乎是所有酒的世界。能寫品酒筆記，全因感覺會有 Tomy 審閱，心裏有個底，便把心一橫放膽去寫了，真是多虧了他呢！還有當然是謝謝三聯的專業團隊，更重要的是，有你在分享我們的情感。

在寫作期間所牽引到一段段歷歷在目的回憶，原來至今的感受仍會因此而牽起漣漪，讓我忽然感到現在元宇宙、NFT 興起不無道理！元宇宙世界或許就是對應人在物質空間枷鎖以外所求的廣闊「空間」，而每個人在元宇宙所置的「地」，也許就是他們心裏所嚮往之處。在這「處」，君子之交淡如水，soulmate 之交純如甘露。

君子之交淡如水，即是君子間的交情平淡如水、乏味？水，透明無色地存在，卻是人們日常所需，所以我們甚少用心感受它的味道，更甚少予以讚美。水也只在光下或其他反差之事物襯托下才顯出來，就像我們有狀況出現時會需要朋友，這樣會突顯他們的存在價值。交情往往在有事情出現時就感受到它存在的意義！所以在我看來「淡」所指的是不被煙火塵事沾染，而只為純淨相交之情和因而帶來的愉悅感。這種交情猶如淨水，總之就隨你心情的甜酸苦辣去跟著變味變色。有人能與自己一起「同甘共苦」，這是何等高雅的色彩，絕對不「淡」呢！

Soulmate 之交純如甘露，即交情純淨，可讓人暢快交流自己的心思意志，自然流露情感，讓人感覺到甘甜透心，充滿正能量和生機，難能可貴！這種人際關係讓人的魂可以超越自我，在心間自由飛翔享有超越物質環境所限的更無盡的空間，讓人的思維更上一層樓，視野更廣闊！但要自省不讓自己魂飛天外太遠，要懂得「回家」，不然魂不守舍呢！

不同的人際關係都能讓我們在不同關係的角色中學習與人相處之道和自我修為。有不同類的交情，就可擔當不同角色，何等美好。

2002 年我出版了首本作品《以心服人，以真待人》，當時有些人會認為看起來「少不更事」的我以何「服人」，只不過在吹噓自己。卻不知我想說的其實是對於從小就被媽媽指責為「反叛難教」的我所敬重的那些人，他們的作為讓我感受到他們以真誠、愛心相待而「服人」：我最敬愛的何仲平醫生、鄺美玲醫生，以及林信一日本大律師。

回顧過去每段受寵若驚的交情，感謝主，全因聖經教誨信靠主就只知奮勇不懈實踐，懂凡事感恩就不自高自大，每個里程碑都全是恩典的見證。過去的 20 年歷練裏又能再遇上幾位：前英國特許公認會計師公會（ACCA）全球會長李志明（相識自 2007 年）；被中國譽為德文藝術歌曲第一人的國際級花腔女高音歌唱家、我親愛的饒嵐姐姐（相識自 2008 年），以及喜愛藝術並在修讀學位後卻從商的豪俠、香港餐飲聯業協會會長黃家和（相識自 2017 年）。

李志明先生是我的「明師」，在會計、法規及資產管理領域擁有 30 年經驗，所培訓的後輩都不知有多少代的徒子徒孫（Mentees）了。從沒想過夢想成真，他有天成為了我的顧問、拍檔！這位分秒無價的「明師」在我每次有困惑去請教他時，總會耐心地把我說出的整件事照聽全收不打斷；最厲害之處是他總在最後用十多分鐘就把我說了兩個鐘的事情的問題癥結和解決方案說出來，讓我聞他一席話往往就茅塞頓開！我曾很「貪心」地表示很想從他這座知識寶庫中支取更多提點時，他毫不吝惜囑我把自己的創意能力實踐，才會成功。就這樣，結果我把所有創意投到項目的創作實踐上，一步步成為打造品牌的策劃人、經紀人。一路走來，回憶初轉型時聽到不少意見，如「好好的金融業專才怎麼抽身去創業」、「真不知道你在做什麼，不務正業」……令我感覺在孤身走我路！當時只有他明白我，很多時他一句「沒問題」或「you are on the right track」就讓我重振心志，努力以赴。他教曉我要向夢想追進，得先把夢想化為理想，腳踏實地循序漸進堅毅地奮力實踐，並虛心求問才有人願意扶持你。

饒嵐姐姐，總給人如她繞梁三日的歌聲般甜美溫柔，但當你與她相處，你會被她打從心底散發出由童真活潑而來的那份活力和心思所吸引。當能與她以心相交，你會被她從生活歷練而來的堅韌意志和實踐所感動、啟發。生命影響生命！我感到受寵若驚的是她讓我做到了以筆會友。她竟因看了我的書作而知我、懂我，還說從我的字裏行間看到以前的自己……這給了我一份肯定，予我莫大鼓舞！在我展開遲來的美聲藝術歌唱技巧培訓上，她的專業和用心指導不用多說了，相處中她總讓我「口沒遮攔」地與她談論對歌藝的欣賞。她對我所創作的項目或工作更予以莫大信任和支持，每次「家常便飯」的招待而帶來的暖意已超越緬懷中的記憶，至今這份亦師亦姊妹的交情讓我記憶猶新，只要一想到就有一股暖意在心頭！

最後，我這位「藝術朋友」黃家和，言行是謙謙君子的模樣，但同時總帶著一份日常的輕鬆自若處世，口中很少說藝術兩字，卻散發出那骨子裏的豪情俠義，就讓不少人對他心悅誠服！他放開家族生意自行創業，成為業界人所敬重的前輩，也有公職貢獻社群，的確是一位成功商家模樣。可是，他竟會與你像朋友般無拘無束談笑風生，侃侃而談，還要一次次為你站台。初相見時他與你傾談 15 分鐘就認識你，還說自己的經歷和思維與你類同，怎不讓人受寵若驚！他的情操會讓你感到有人「無所為」地扶持你，但不會讓人有一絲負擔！這只有胸襟廣闊且豪氣萬丈又有俠義心腸的人才能如此扶持後輩和交朋友！與他交流，他總叫你不用顧慮隨便說，這是一份難能可貴的尊重和信任，會讓你顯露真我呢！感謝主，就是因為有這樣的一位藝術朋友，有時會給我很多思緒以至寫作靈感，人生得一份這樣的交情，真的感到太榮幸了！

20 年後再以筆會友，把這書獻給你、新知舊友，也藉此書回敬媽咪、長兄、與我並肩作戰的親密戰友、團隊、協作夥伴、馬錦華太平紳士、葉成芝先生、陳鏡如牧師和關愛我的每位親友，也獻給永遠懷念的父親、讓我受寵若驚的良師黃勵文太平紳士、林老爺（自 80 年代初走在內地賑災扶貧助學的最前線、奔走山區 30 餘年的林澤先生）、錢 sir（資深體育家錢恩培先生），你們的「好行為」已讓我見識到基督門徒的正直謙恭素養，我會繼續不亢不卑地奔赴當跑的路，天家再會！

靈思（Kennie）

導讀

書中除了分享 100 支酒的品嚐筆記和冷知識，文中更見男女作者筆風的大不同，我是女作者靈思。

我和另一位作者方啟聰（Tomy）相識於 2016 年，Tomy 其後邀請我成為他的經紀人。因要先了解行業才能做好經紀人，我漸次變得以正面思維去衡量喝酒這件事，並開始了我倆之間的交集，更由協作夥伴進而成為拍檔，在工作中分享我們信念：相信心存有愛就會心境平和，自然會愛惜身邊人事物！

這本合著[1]是我倆的第二個出版作品，文中很容易看到 Tomy 會以專家的格局論酒和理性地分享一些由品酒到對生活和人生的感知。而我則除了寫品酒筆記，更多是藉著喝酒時聯想到的情境，娓娓道出每段「酒逢知己」交情的緣起，以至當中的人生感悟。

本書分為初嚐、品嚐、品鑑和回味 4 個部分，方便讀者按心情或喜好跳著看。書中以 100 支酒為切入點，介紹不同類別的酒的基本品酒筆記和冷知識， 以及我們第一身與相關人物如酒莊莊主或共享美酒的朋友等的交集，從而把你都拉進到酒的世界裏，讓你一起感受我們所經歷的。

人，有時會借酒澆愁，而我倆卻是藉酒與自己和一些人在生活中的一點一滴的交集，道出我們因此而來的感知和感悟。此外，我倆筆風大不同也應是有趣的看點，同樣是寫我們各自品嚐一支酒的事情，但就會讓你感受到有如男人來自火星，女人來自金星的不一樣！

1 本書由方啟聰（Tomy）和靈思（Kennie）合著，文章分別以符號「◇」代表方啟聰，「○」代表靈思。

目錄

第一章 初嚐

第二章 品嚐

第三章 品鑑

第一章

CHAPTER ONE

初嚐

在酒的世界，凡事都有可能，喜出望外的驚喜經常發生。

001

今天的小確幸

Terrasses d'Aussières 2019

結束忙碌的一周，終於等到星期日，但可惜剛好遇著下雨天，不想外出又無所事事，在家慵懶散慢的心情最適合不過是來一支年輕有活力的紅酒。

如果要由年份著手去選紅酒，2019 年的法國酒是我的頭號選擇。為什麼？因為好年份不會錯！很多時候當你去葡萄酒專門店或超級市場，你會見到琳瑯滿目的葡萄酒，除了不同年份，還有不同產區、國家、葡萄品種及品牌，就算懂酒的人也要花上好些時間才能找到心頭好，更何況是一般消費者。所以按著好的年份來選比較放心。

好的年份，代表那一年的天氣特別適合葡萄生長，大部分葡萄園的收成都會很好，果粒非常適合釀葡萄酒，相對釀到好酒的機會便較大。相反，如果年份不好，就需要考慮很多人為的因素，如採收日期、挑選葡萄、釀酒時間及溫度等各種調配，釀酒師及他的團隊便要增加很多不同程度的參與，人為因素多了，自然增加了葡萄酒好與壞的變數。

說回 2019 年，由於經過了一個溫和的冬季和清涼的春季，葡萄在夏季的熱浪來襲後成熟，而採收前的微雨又讓葡萄不至於過熟，因此非常適合釀酒。所以 2019 年對法國酒來說都是一個很好的年份。

這支 Terrasses d'Aussières 是 Domains Barons de Rothschild 即大家都熟悉的拉菲酒莊（Lafite）所持有。這酒莊位於法國南

部的朗格多克（Languedoc），採用了 Syrah、Grenache noir、Mourvèdre、Carignan 4 種葡萄品種來釀酒，散發出年輕豐富的黑果香氣，夾雜著一點點橡木、香料如百里香、黑松露的味道，入口柔順，單寧（Tannin）幼滑，酸度適中清新，酒體密度高，餘韻微甜，果味馥郁！一邊喝一邊感覺到幸福，多得當時拉菲的莊主 Éric de Rothschild 獨具慧眼在 1999 年出訪時把這葡萄莊園買下來，用了 20 年時間整頓，任性的背後付出了很大的努力和耐性，當中的挑戰是當事人才感受到的。

今天的小確幸是挑到了一瓶好酒！

002

不可叫人小看你年輕

Sheep Hill Sauvignon Blanc 2021

◇

上年的北京冬奧很有觀賞價值，除了項目的吸引程度，在我們的國土上舉辦也帶來特別的親切感。我特別留意參賽者的年齡，國家隊的自由式滑雪選手谷愛凌（Eileen Gu）年僅 18 歲便奪得了金牌不在話下，還有同是國家隊的蘇翊鳴在單板滑雪大跳台決賽摘金，當時的他差 3 天才滿 18 歲！美籍韓裔單板滑雪女將金善（Chloe Kim）於上屆平昌冬奧以 17 歲的年齡勇奪單板滑雪半管場地賽金牌，上年北京冬奧再度挑戰而蟬聯金牌，成為冬奧史上首位在這個項目衛冕成功的女子選手。

年輕人追夢是一種魅力，有膽識，輸得起，葡萄酒也是一樣。葡萄酒陳放的週期也有年輕、成長、巔峰、老去，以至死亡。經常聽人說「這支酒未開，現在還不是時候，需要時間成長，希望能夠喝到其巔峰的狀態」。但我覺得，年輕又有什麼好害怕的？年輕時的葡萄酒充滿活力，很有陽光氣息，還有等待醒酒（Breathing）後出來的表現也是一種享受，不用每次都要等到巔峰才算好喝，感受其成長的過程同樣快樂。

這支 Sheep Hill Sauvignon Blanc 2021 便是其中的表表者，來自南非夢若奇酒莊（Mount Rozier），沒有華麗修飾的香氣，反而一開瓶便有活潑的番石榴香氣如小孩般急不及待地跑出來迎接你，跟隨著的是新鮮的青草味，口感柔軟，味道堅實，密度高，果香直接單純、乾脆利落！而且能喝得出其深藏的潛力，我馬上想到「不可叫人小看你年輕」這句話語，來形容這瓶南非酒相當貼切。十分相信要與大自然緊密合作的釀酒師 Leon Esterhuizen，清楚知道要尊重自然環境，要使土地可持續發展，越少人為干擾越好，尊重環境，為下一代保持優良的環境。

003

吃出兒時的味道

Fuller's London Black Cab Stout

◇

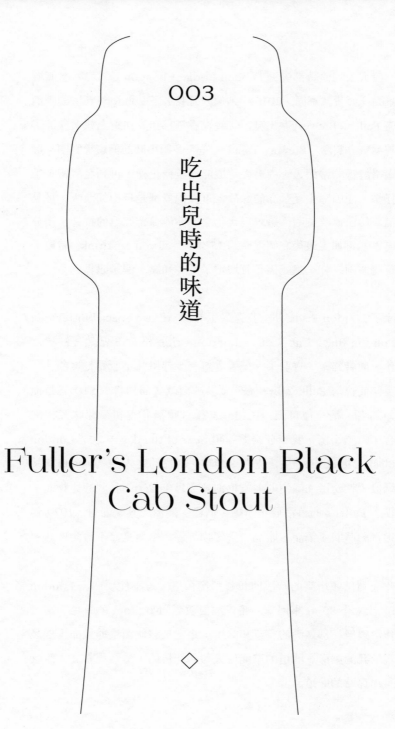

一般人去到倫敦都會去 London Bridge、London Eye 等著名旅遊景點，而我就不同，2016 年到倫敦時我去了 London Pride 的啤酒廠 Fuller's Brewery。出發前，我在香港已預先在網上報名參加了啤酒廠導賞團（Brewery Tour）。差不多兩小時的酒廠導賞團，導遊講解得非常深入，由磨麥芽機開始至糖化桶，再到發酵槽，很仔細，而因應生產量高的緣故，每件機器都是巨型加大版，可見酒廠的宏偉及英國人追求現代化之餘亦能保留經典的技術，十分厲害。再加上最後有個限時約 15 分鐘「all you can drink」時段，可喝多兩三杯，感覺滿足且增進了不少知識，開了眼界！

除了 London Pride 外，我還喝了 ESB（Extra Special Bitter）和 London Black Cab Stout。London Pride 和 ESB 當然是經典之作，前者蜂蜜、青蘋果、梨香夾雜著麥芽風味，收結乾爽漂亮，長時間位居 Fuller's Brewery 眾多啤酒款式的銷售 No.1，正是酒如其名，是一種自豪（Pride）；後者啤酒花香和麥芽味互相配合，口感平衡，我十分喜歡。但 beer of the day 一定是 London Black Cab Stout，黑巧克力、咖啡、西梅的迷人香氣，入口如絲綢般柔軟幼滑。喝酒的地方也別具心思，像一個私藏的博物館，很多 Fuller's 的舊酒瓶、酒罐、酒標、釀酒工具、器材、1979 年獲得的獎狀、筆記、贈品、宣傳物等等，絕對是目不暇給。

昨天到舖頭培訓的時候回想起那個情境，忍不住要開支 London Black Cab Stout 來回味一番，順便教導同事 Stout 的特色，寓工作於娛樂。那熟悉的香氣和味道，馬上把整個酒廠的畫面再度呈現於我的腦海，味道的確能使人勾起記憶的，難怪經常有人說吃得出兒時的味道。

004

急事慢行，慢事先行

Talisker 8 Years Limited Release

◇

前陣子感覺有點燥，要做的工作如海浪般一浪緊接一浪，永無止境，這項目尚未完成，又有新的工作加插進來，工作的先後次序被打得亂七八糟，不知從何入手，禱告交託後便決定到附近的威士忌吧鬆一鬆。每次一個人到威士忌吧我都喜歡坐吧檯，感覺除了 bartender 外，其他人只看到你的背影，你可以靜靜地專心享受杯中物。這天晚上我也是這樣，在 bartender 的介紹下我叫了威士忌的「阿媽家姐」(Omakase)，由他發辦給我 4 杯威士忌。

頭 3 杯相信是前奏，好喝但沒什麼驚喜，第四杯的 Talisker 8 Years Limited Release 就很特別了！這款威士忌來自蘇格蘭的 Islands，此產區一向以風格多變見稱，由果味到堅果味(Nutty)，又可以由堅果味到泥炭味（Peaty），而這款 Talisker 擺明車馬以「Made by the Sea」自居，喝下去果然有獨特的礦物味道。香氣主要是雲呢拿、煙燻等來自美國波本桶的香氣，夾雜著一點點泥煤和果香，入口幼滑但富有力量，巧克力、肉桂、果味及礦物味相當複雜，因為始終是沒有添加水的「原桶強度」(Cask Strength)，餘韻帶有溫暖的酒精感（酒精度 59.4%），柔滑細膩，回甘悠長令我十分難忘。

慢慢品嚐，不知不覺已經過了 3 個小時，我驀然回首，其實我在急什麼呢？有工作總好過沒有工作，「急」很多時候反而會容易出錯，所以應該要學會慢行，我指的慢並不是手腳慢，而是腦袋要清晰，慢慢冷靜地思考，而平時不趕急的事要先做，因為一般這些「不急」的事都是很瑣碎的，理應很容易解決，但由於太瑣碎，往往會有心魔告訴我們遲一陣子才做吧……結果積少成多，最後拖自己後腿的便是它們了。

005

千里馬遇伯樂

La Chapelle de Saint Dominique 2003

◇

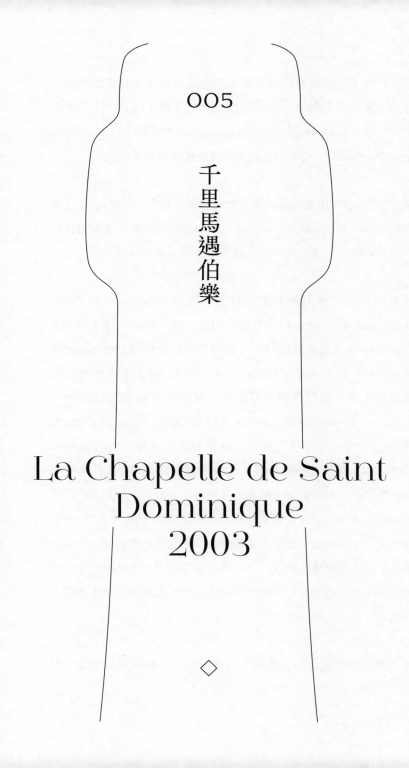

在你的人生中有沒有遇過千里馬？這千里馬可以是你的學生、徒弟，可以是你的另一半，可以是你的下屬，而我的千里馬是這支紅酒—— Domaine de Saint Dominque 的副牌 La Chapelle de Saint Dominque，我慶幸在創業的樽頸位時遇到「她」。

還記得 2011 年法國的國際葡萄酒及烈酒展覽會（Vinexpo），我在 La Chapelle de Saint Dominque 的展位認識到她，要知道在數以萬計的酒款中遇上她相信不是偶然，而是命中注定！

其實叫自己伯樂的確有點在自誇，因為 Domaine de Saint Dominque 早於 22 年前已被現時的莊主 Daniele Vialard 和 Eric Hosteins 獨具慧眼的收購了，他們酒莊位於法國 Hérault 一個叫 Aniane 的小區，雖然面積不大，只有 14 公頃，但風土條件優秀，適合種植多款葡萄品種，包括法國常見的 Merlot、Cabernet Sauvignon 和 Syrah，還有 Carignan、Petit Verdot 和 Mourvèdre。而當時在展位招呼我的正正是莊主之一的 Eric Hosteins，筆直的深色西裝，整齊的斜紋領帶和斯文的金絲眼鏡，說話溫文但談到他的葡萄酒時變得相當熱情。他帶著我們品嚐他的佳釀，特別令我留下深刻印象的是 2003 年的 La Chapelle de Saint Dominque，漂亮的紫紅色色澤，散發出黑色漿果、成熟車厘子和一絲絲橡木香氣，入口果香豐富而優雅，結構細密，平衡度高，餘韻帶有少許巧克力和胡椒風味，收結悠長像不會散去一般。

除了酒的質素高之外，我也十分尊敬他們的釀酒理念。眾所周知法國有 Appellation d'Origine Contrôlée（AOC）的品質控制機制，要附合當地產區的 AOC 必須通過多項嚴格而又有點「死板」的規條，甚至連釀酒的葡萄品種也有限制，如某些產區只可以採用某幾款葡萄品種，如果使用其他品種，便不符合標準，不可以稱自己的酒為 AOC 酒。要知道很多人會以 AOC 為一個指標，不獲 AOC 認證的酒價格也會受到一定程度的影響。La Chapelle de Saint Dominque 和 Domaine de Saint Dominque 正正在這例子之中，他們寧願放棄 AOC 要採用不同的葡萄品種，為的是創作自己心目中理想的葡萄酒。這種精神在現今金錢掛帥的社會實在很難得。

最終我和他們簽下了大中華區的獨家代理權，把他們的酒推廣至內地如上海、北京、廣州、深圳等一線城市，還把他整個系列的葡萄酒改了一個中文名叫「納斯家族」。

雖然現在已經沒有繼續合作，但有時候喝到好的葡萄酒，也會不自覺想起和她遇上的往事。

006

Life is Too Short
for Bad Beer

Beavertown Black Betty
Black IPA

◇

求學時期我在英國留學，所以認識了不少身在英國的朋友，我強調「身在英國」，是因為他們很多都和我一樣有「地球村」的概念，為工作、為生活可以接受居無定所，這一刻可以住在香港，那一刻可能會離開亞洲，在地球的另一邊定居，但一段時間後又可能到另一個國家生活。生活和品酒一樣講求體驗，始終人生苦短，活得精彩、喝得講究才無悔一生，所以每次我到英國都會找這些身在英國的朋友相聚吃飯喝酒，談天說地，有時候究竟我記著的是酒的味道還是和我一起暢飲的朋友，我也搞不清楚，但可以肯定的是那些共聚的時刻是非常有質素、難忘的。

2016 年有一個晚上我和友人在倫敦一間酒吧喝的有這款 Beavertown Black Betty Black IPA，這款 Black IPA 有著 American IPA 的個性，散發出大量熱帶水果迷人的香氣，還夾雜著松木和柚皮，收結乾爽，餘韻悠長，而且多了黑色啤酒的風味，如巧克力、咖啡、摩卡等複雜的味道，酒體飽滿，厚實感和 7.4% 的酒精濃度讓我可以慢慢細味品嚐，是一款以 hoppy 的 IPA 風格為主導的黑色啤酒。

IPA 全寫是 India Pale Ale，但請大家不要誤會，當中的 India 不是指印度製造、印度出產的意思。在 18 至 19 世紀期間，印度還是當時大英帝國的殖民地，大批商人、軍人、醫護人員及其家屬經常前往遙遠的印度做貿易、貨運，甚至定居。其中啤酒當然是愛喝啤酒的英國人主要的貨物之一，但當時飛機技術尚未面世，貨運只能用水路，而航海的時間每每需要好幾個月，這樣容易使啤酒的品質變壞。後來生產商想出的辦法是加入大量的啤酒花，啤酒花與葡萄皮一樣，內含豐富的單寧，是天然的防腐劑。原本只是實驗性質，但當啤酒運抵印度後，效果好到令人吃驚，因此便有今時今日的 IPA 出現。

本身起源於英國的 IPA，在整個現代手工啤酒的風潮有著舉足輕重的代表性，是一款作為手工啤酒廠不會不釀的啤酒風格。手工啤酒風潮在美國崛起，IPA 也是，美國人喜歡加入大量的啤酒花和採用冷泡酒花（Dry hopping）技術使啤酒花香味更明顯，衝擊大家的嗅覺和味蕾。Black IPA 是後期衍生出來的版本。

007

人做了，我不喜歡做

Masahiro Okinawa Gin

◇

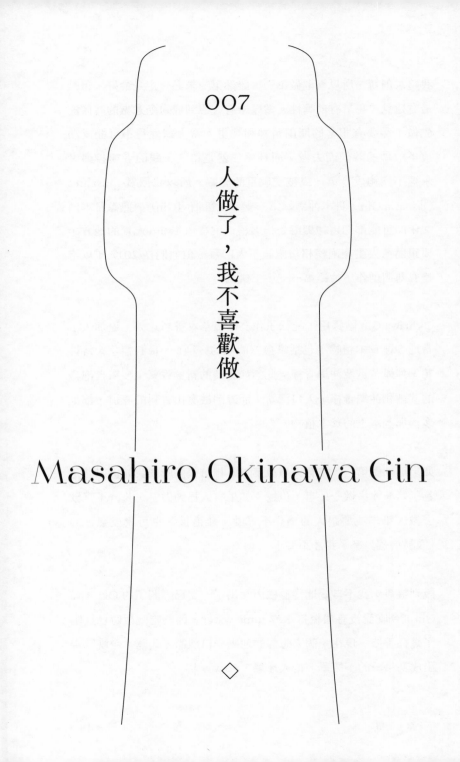

我追求創新，所以喜歡做第一，雖然第一未必一定是最好，但是最有遠見，也最有前瞻性。當還未有人想到或未願意做的時候能先做，需要有相當的開創精神和智勇。當大家覺得不可能成功或不敢做的時候而去做，而且第一就是第一，跟隨者或抄襲者永遠不能夠成為第一或被受敬重的先驅。所以我欣賞 Masahiro Okinawa Gin，日本沖繩縣第一支手工氈酒（Gin）。熟悉日本酒文化的可能都知道沖繩縣是出名盛產泡盛（Awamori）的地方，要跟隨前人生產泡盛相信應該不太困難，但他們在 2017 年以泡盛為基酒創作了沖繩第一支手工氈酒。

Okinawa Gin 除採用了杜松子作為基礎草本香料之外，還加入了當地 5 種草本植物，包括篳撥（胡椒的一種）、番石榴葉、洛神花、沖繩苦瓜及沖繩青檸。此酒如柑橘的新鮮香氣主要來自泡盛的基酒和沖繩青檸，入口清新，而餘韻散發出香料的味道，都是多得那些本土的草本植物。

如果可以做第一，沒有人想做第二。相信很多時候我們也未必是為了第一才去做一件事，但總之如果有人已經做了，我就不喜歡去做，第二或要跟人的感覺不好受，難道抄襲也可說成應分的「取易捨難」麼，我才不要！

說到這裏，我不自覺地從酒櫃內拿出了一支已經開了的 Okinawa Gin，今晚我沒有加梳打水或 tonic water，因為吃晚飯時已經喝了幾杯香檳，現在一個人想靜靜地喝一口烈酒才入睡。今晚喝得出成為第一的不簡單，拾人牙慧，no way！

008

應許之地

迦南美地 Riesling 2018

◇

2019 年曾有幸獲香港酒類行業協會邀請到訪中國內地寧夏賀蘭山東麓葡萄酒產區參觀酒莊和品嚐當地不同的葡萄酒，當中有一支讓我印象深刻，叫迦南美地 Riesling 2018。「迦南」在《聖經》被稱作「應許之地」，是以色列人經歷 40 年的曠野生活之後，進入上帝所賜的一塊「流著奶和蜜」的土地。

信奉基督教的我一看便很好奇，難道設計者也是基督徒？在與負責人交流之後我的估計果然正確。原來迦南美地酒莊莊主王方信仰基督教，覺得葡萄園充滿期望，而把酒莊命名為迦南美地。王方是德籍華人，曾在德國生活 10 多年，所以對德國最具代表性的葡萄品種 Riesling 有很深入的了解和有一份情意結。

寧夏賀蘭山東麓葡萄酒產區也有跟法國波爾多相類似的列級酒莊分級機制，共分為一至五級，一級為最高級別，每 2 年評定一次，逐級評定晉升，晉升到一級酒莊後每 10 年才評定一次。評定條件十分嚴謹，包括葡萄質量、葡萄酒盲品（Blind Tasting）的得分、年銷售量、葡萄園貌等等。迦南美地酒莊現時屬二級酒莊。

迦南美地 Riesling 2018 是一款乾型（Dry）的 Riesling，呈淡稻草黃色澤，帶有多汁檸檬、柑橘與花香，入口清爽而不甜，收結有一絲絲典型的汽油氣息，適合配搭有殼類的水產料理，感覺充滿活力、希望，與酒莊名字相當匹配。

009

信望愛中最大是愛！好姐妹式的「談情說愛」

蜜蜜啤世外桃源 Weissbier

期待的最新出缸新寵世外桃源 Weissbier 趕及截稿前面世，今天當然一邊品嚐一邊分享創作點滴。

倒出來後立即遞近自己，首先聞到啤酒散發出陣陣香蕉、丁香的幽香，讓感覺上多了一份純、真和新鮮氣色。入口清新，口感幼滑，氣泡感令人舒暢，餘韻乾淨而清甜。

當一見到那微黃酒色，我的腦海裏隨即浮現出我與一位相識 20 年的好姐妹 Lisa 一次在新西蘭牧場騎馬時的情境，當時暖和的陽光照在猶如世外桃源的牧場上，閃耀動人，至今歷歷在目，所以我在構思標籤上的主畫設計時特別執著那一層微黃色調！味道上，Lisa 想此酒能令人感受到分享愛時從中而來那難以言喻的心甜感覺和動力，也讓人嚐到施予為樂的舒暢感！

Lisa 雖對酒類飲品不感興趣，卻因相信我而喜愛蜜蜜啤品牌理念——傳揚愛、平和、大自然；也鼓勵人們與親友相聚時共享天然原材釀造出來的手工啤酒，添加聚會歡樂。她更於上年創立思施品牌與蜜蜜啤聯乘協作出品這款世外桃源 Weissbier。

我倆情誼繫於共同信仰，一起實踐信念「施比受有福」，始於 2006 年和 3 位朋友一起創立了一個慈惠基金去分享愛的使命。這次更特別以她為創作靈感，在熊貓蜜語故事中多創作出一位心靈酵母角色綿羊思思，並以世外桃源這產品表達 Lisa 的思施品牌理念——常思念施予便有福，心情更有難以言喻的舒暢。這世外桃源可謂 20 年姐妹「談情說愛」的結晶品！

人生有多少個 20 年，不求友情不變，因不變就是情誼沒有與日俱增了。若知道人生本是客旅，就懂得能經歷少、青、中、老年階段並欣賞每段歷程和歷練都是恩福。而友情就如常規列車，它一直存在和運行中，讓人自由上上落落，有些人會在某階段在列車中出現，碰上同行者，到某處自己或那人有需要下車就大家暫別，但只要有同一個目的地，大家有心相約於列車上，列車都會接載你，始終會在車上再聚。

010

捉到鹿要識脫角

鶴沼
Gewurztraminer
2017

◇

疫情下，少了很多機構或商家舉辦品酒會，因為始終怕人多聚集，所以當我收到在中環舉辦的一個日本葡萄酒品酒會的邀請，還要是以小班形式舉行，日子又是平日，我便馬上報名。結果果然沒有令我失望，專業的侍酒師，加上一流的環境和儲存葡萄酒的要求，從侍酒溫度還留意到主辦單位著重細節，多款葡萄酒都表現突出。而最令我滿意的是來自北海道的鶴沼 Gewurztraminer 2017，清澈微黃的色澤，帶有多款甜味的果香，讓我聯想到荔枝、麝香葡萄和白桃，還有如薰衣草和玫瑰的花香，簡直就像置身在北海道。此外，酒精度含量只有 12 %，味道乾淨清新，隨之而來是清爽的回韻。這是一款結合了優雅和清爽、漂亮酸度的白葡萄酒。

位於北緯 42 至 45 度之間的北海道，夏季受雨季和颱風影響相對較小，冬季也相當寒冷，而且濕度低，日夜溫差大，屬於亞寒帶氣候區。這種氣候是十分適合種植北部歐洲的青葡萄品種。就如法國北部的香檳地區、東北部的阿爾薩斯地區，這些都是世界著名種植白葡萄的產區。種植的葡萄品種多數是 Riesling 、Gewurztraminer、Pinot Grigio、Pinot Gris 等等。而黑葡萄主要是 Pinot Noir。正所謂捉到鹿要識脫角，既然有那麼好的先決條件，就不必勉強自己種植其他可能較受歡迎的國際葡萄品種如 Chardonnay、Sauvignon Blanc、Cabernet Sauvignon 或 Syrah！

011

英雄莫問出處

The Balvenie Doublewood Aged 12 Years

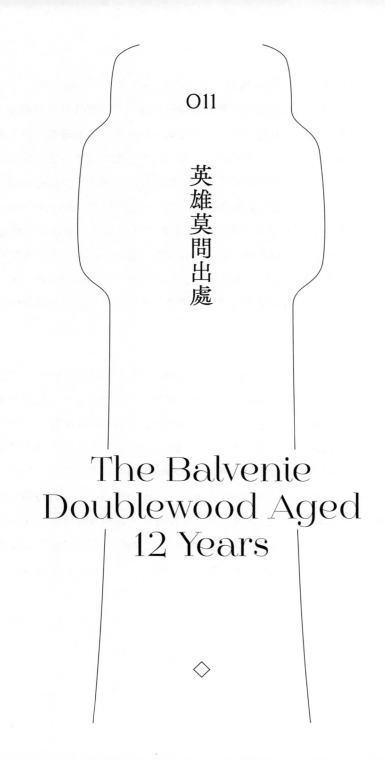

在葡萄酒的世界裏，大部分酒莊都會經營自己的葡萄園，確保品質有保證，畢竟葡萄酒都是由單發酵而產生，即直接使用原料中的糖分，進行酒精發酵。但啤酒和威士忌便不同了，它們採用複發酵，麥芽要經過澱粉糖化（Mashing）後得出的糖分才能發酵產生酒精，可見 mashing 過程中的溫度和分量控制相當重要。所以在威士忌蒸餾廠或世界各地很多啤酒廠，他們的大麥都是外購回來的，不過蘇格蘭的 Balvenie 威士忌是一個例外。Balvenie 位於 Speyside，是蘇格蘭高地（Highlands）內唯一還是自家種植大麥，更是唯一運用鋪地發芽（Floor Malting）技藝的蒸餾廠。鋪地發芽是一種傳統的工藝，把浸泡後的大麥平鋪在發芽場地面，經驗的翻麥技師會把發芽大麥翻攪，以避免它們黏著。

我多年前下定決心想了解多一點威士忌，便由蘇格蘭威士忌入手，而方法與我 20 多年前學習葡萄酒一樣，買些權威的書本，跟著買不同產區、品牌和風格的威士忌來細味品試。威士忌比葡萄酒好，開瓶後不用一次過喝完，剩下的只需蓋好蓋子，下次同樣可以享用而無須擔心風味變質。The Balvenie Doublewood Aged 12 Years 便是其中一支我當時很喜歡的威士忌，因為當時還是威士忌「初哥」，有很多其他品牌的味道都覺得相當濃烈，只有 Balvenie 開出來已散發出一種吸引人的葡萄乾和堅果的香氣，入口香甜。這多得採用了 2 種不同木桶的關係，美國波本桶帶出烘焙類的煙燻、堅果等味道，而西班牙雪莉桶能夠釋出細緻的果香，口感順滑如橄欖油的質感，餘韻悠長，漂亮的酒精溫暖感，容易入口而味道的複雜程度剛剛好，對初學者來說不會抗拒。

但是否能夠喝出原材料是否來自本身酒廠呢？我就覺得「英雄莫問出處」，只要最終能做出優良的效果，哪怕材料不是出於自家。美國女排曾經聘請中國教練做教頭；英格蘭足球國家隊也曾經請過瑞典人做領隊，又如何呢？

012

引以為榮

Hansharo Shizuoka Sake Yeast Beer

◇

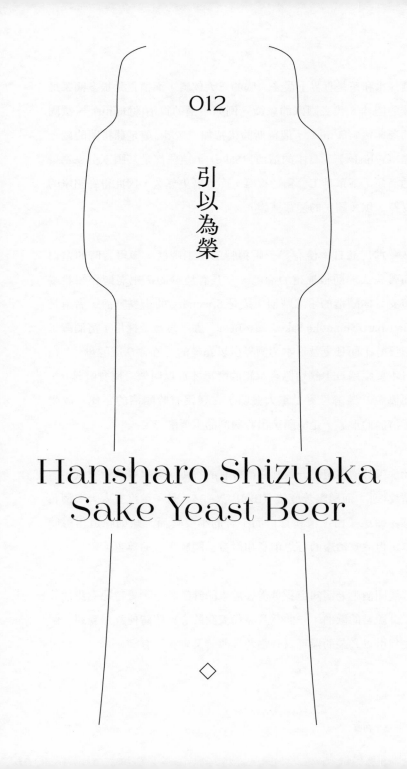

酒、水和茶是世界上最多人喝的三大飲料，而酒更是很多國家民族的國粹，代表國家的象徵，例如中國的白酒（Baijiu）、法國的葡萄酒（Wine）、俄羅斯的伏特加（Vodka）、蘇格蘭的威士忌（Whisky）、日本的清酒（Sake），這些都是其國家引以為榮的酒類，不單是工藝獨特複雜，而且歷史悠久，因此得到國家的支持，以及國民的愛戴擁護。

多年前出訪日本便有幸一嚐獨特的手工啤酒，多得當時的進口商帶我去一間很地道的酒吧，年長有經驗的酒吧老闆介紹我喝這支日本釀造的手工啤酒，這是 Specialty 的小麥啤酒，名稱是 Hansharo Shizuoka Sake Yeast Beer，顧名思義是採用了清酒酵母來發酵，而且更是日本清酒界引以為榮的「協會 9 號酵母」。在日本要經過日本釀造協會承認的酵母才可以叫做「協會酵母」，而協會 9 號酵母更是重大發明，在還沒有吟釀酒的年代，改變了清酒的形態，是能釀造出吟釀酒的重要酵母。

此手工啤酒散發出一般吟釀酒會有的香蕉、蘋果等清新香氣，酒精度 5%，而國際苦度值（IBU）只有 5，是一款沒有太大啤酒花感、口感柔滑、清新可口而不苦的小麥啤酒。雖則味道相對簡單，但欣賞酒廠的心思創意和對自己國家生產的尊重。

言談間酒吧老闆知道我是從香港來的啤酒評審，更特地為我播放了鄧麗君的歌曲，一曲《月亮代表我的心》即時使我感覺到一個民族引以為榮的還可以有很多東西，又豈會只有酒。

013

暢所欲言的友誼

Anderson Valley Barney Flats Oatmeal Stout

◇

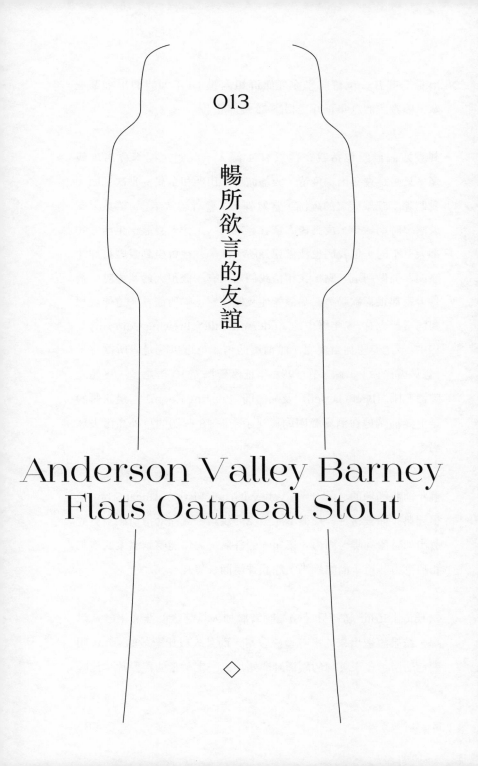

兩星期前有一位舊同學在通訊群組內說：「不如我們出來聚一聚，因為我們今年正好是相識 35 周年！」

其實這個群組包括我在內只有 4 個人，我們定期都會出來飯聚，只是這幾年因為疫情，大幅減少了出門和聚餐。每次見面，我們除了談談大家的近況，當然少不了會「話當年」，雖然大家於求學時期認識，成長後大家各奔東西，工作、經歷、生活方式都大有不同，但我們也能做到無所不談，往往會坐到餐廳打烊才離開。要做到這一點，我相信我們之間有一個很大的共通點，就是大家都很喜歡喝酒。喝酒能使我們放鬆，暢所欲言。這使我想起同樣至今有 35 年歷史的 Anderson Valley Brewing Company，1987 年在美國加州成立，釀酒廠的信念也可以說是暢所欲言，「想做就去做」，除了在 1996 年把產量擴充 10 倍之多，更建立啤酒花園（Beer Garden）及品酒間（Tasting Room），最誇張的是史無前例地在酒廠範圍內興建了一個 18 個洞的戶外高爾夫球場！

幾年前我喝過的 Anderson Valley Barney Flats Oatmeal Stout 便很經典，如教科書一樣標準、漂亮的烘烤香氣和幼滑口感，更散發出如特濃咖啡、西梅、車厘子的香氣，入口能嚐到溫柔的拖肥和巧克力味道，酒體飽滿，餘韻香滑而且悠長。

Oatmeal Stout 起初只是釀酒師嘗試加入烘烤後的燕麥來釀造黑啤，結果釀造出來的黑啤口感豐富，而且入口比一般的 stout 明顯地幼滑，後來英國的釀酒師開始加入一定數量的燕麥片，使啤酒的香滑程度增加，便有現代的 Oatmeal Stout 風格出現。時至今日，Oatmeal Stout 有英式及美式的版本，美式的版本啤酒花香及味道較強，甜度比較低，而英式的果味比較明顯，較甜，麥味較重。

014

相互尊重包容

Vega Sindoa Tempranillo 2020

有一次要為客戶預備一場粵菜配葡萄酒的 Wine Dinner，其中一款是來自西班牙 Bodega Nekeas 的 Vega Sindoa Tempranillo 2020，採用 100% Tempranillo，葡萄園堅持不使用殺蟲劑和除草劑，使葡萄園保持可持續性，加上黏土和碎石層為主要土質的配搭，排水優良，所以葡萄樹的根部要生長至泥土較深處才能找到水分，而過程之間更吸收到泥土內不同的養分，使葡萄生長更完全。

此酒色澤呈成熟偏紫的櫻桃紅，入口帶有濃郁的車厘子和紅莓風味，以及散發出剪碎了的胡椒香氣，少許香料感，單寧細緻，酸度適中，口水分泌使你有想吃東西的感覺，口感豐富富有彈性，夾雜著花香、煙草和莓醬味的餘韻令人讚嘆。

配搭方面我第一時間想起這間酒店中菜廳的招牌菜蜜汁叉燒。蜜汁和車厘子等紅色水果相當匹配，烤叉燒的味道和餘韻的煙草也十分配搭，紅酒的酸度亦能有效地分解叉燒的肥膩感，富有彈性的紅酒口感和叉燒的質感更是意想不到的融洽，非常驚艷。

結果當晚的 Wine Dinner 十分受歡迎，賓客和客戶都相當滿意，我也能有幸地配出叫好叫座的美酒佳餚而感到光榮。而且有機會和主廚深度交流，因為說到底，酒已經釀好了入瓶，味道上不能改變，要和菜餚配搭完美，有機會需要廚師的配合，把原本的味道作出適當的微調，所以要廚師不抗拒酒精飲品，更要尊重酒和品酒師的專業。相互尊重包容，用心做好每件事。

015

堅持不妥協

Da Shootz! American Pilsner

◇

我很喜歡做運動，年輕時籃球、足球、欖球、網球各種球類運動都有參與，喜歡團隊合作，以及努力操練後用汗水換來勝利的滿足感。長大後人生角色不同了，責任也大了，對抗性太強、容易受傷的體育運動少碰了，但自我操練並沒有減少，我經常跑步，也會到健身房健身，主要練一些針對肌肉訓練和帶氧的組合動作，加上節制的飲食習慣，自律的生活和虔誠的宗教信仰，盡力保持良好的體魄和身心靈的健康，才對得住信任我的家人和工作上的夥伴。

而每次做完高強度運動之後，我都會飲一杯手工啤酒，那種超解渴的爽快感真的太棒了！根據西班牙格拉納達大學（University of Granada）所說，他們曾經作出一次研究，邀請兩組學生在大約 40℃的溫度下進行劇烈運動，完成後一組學生喝開水，另一組學生喝啤酒，得出來的結果是喝啤酒補充水分的速度比只喝開水快，Manuel Garzon 教授說：「啤酒有氣，更能解渴，而且啤酒內的碳水化合物能更有效地補充體力。」此外，啤酒內含豐富蛋白質，比開水更可加速肌肉發展。

而我做完高強度運動後，一般會喝一些清爽易飲而酒精度不高的風格，如 Session IPA、Lager、Pilsner、Weissbier 或 Witbier。昨天跑完 10 公里後喝的就是這罐來自美國 Deschutes Brewery 的 Da Shootz! American Pilsner，充滿優雅的花香，加上一點點如蜂蜜的香氣，漂亮的淡黃色澤，入口清爽，氣泡感明顯喝得暢快，能嚐到微微的來自啤酒花的柑橘和檸檬味道，收結乾淨利落，加上沒甚負擔的 4% 酒精度，可飲度非常高。酒的名字為什麼叫 Da Shootz!？意思是當在戶外山谷跳水的時候，跳進水裏的那一刻，水花反彈的聲音就像「da...shootz...」，幻想一下當時那種清涼暢快感，就如喝這罐啤酒的感覺。

運動對於我來說除了是保持身體健康外，鍛鍊意志力也是重要的一環。做實業沒有太多花巧，都是用好的產品來吸引人，而手工啤酒市場需要教育，很多時候由於先入為主或是錯誤的例子，消費者以為這樣就是手工啤酒，所以作為生產商同樣也是教育者的我，要有足夠的意志去堅持不妥協，是相當重要的。

016

跟老友飲老酒，經歷猶如人生的青、中、成熟階段

Tamaya Limari Valley Syrah 2008

開老酒要些工夫，這次酒塞破了，要用2個醒酒器（Decanter）沉澱過濾和醒酒，工夫花多了些許，但能喝到好酒，與她一起慢慢經歷不同的變化，今天午後日程只在吃喝，有的是時間，正好！

醒酒過程中每段時間就如經歷人生的青、中，至成熟階段。這支Tamaya Limari Valley Syrah 2008，初嚐時是青澀，除酒精感外沒有特別韻味，但經過40至45分鐘醒酒後，就由青澀少女長大為成熟女士，果香漸漸散發出來，不如一般Syrah般強而剛烈，是平衡度高而優雅但有壓場感的熟果味，餘韻乾淨，少許已醇化的胡椒味在很後段才出現，猶如一位成熟有知性的女士，感受到她柔和含蓄一面，但又能恰到好處表現出每種味道的優雅。品嚐陳年酒就是味蕾上同她一起經歷人生的成長歷程。

羨慕我有大半天吃喝嗎？其實自去年開始，每每忙透後，或完成一場活動、一個項目後，總愛同拍檔Tomy去吃一天「C家菜」。這個名字是我起的，C所指的是業界一位烹飪手藝很好的朋友Crean，她擁有一個給人開發食譜的「私廚地帶」——無限元素，弄的菜餚總給我吃到「家」的感覺，同時不失專業廚藝的味道。每次在那麼大的地方，她在開放式廚房與我倆一邊聊天一邊煮，然後一道一道菜端上來一起開動。今天因要慢慢品嚐老酒，所以還開了支清酒配海釣鮮魚，3個人由午餐品酒嚐菜、聊天、聽音樂到晚上。

每當想到如包場要求她這樣為我下廚必然是奢求的一件事，只是講交情就是無價的另一回事，心裏總泛起一絲絲飄飄然的優越感，竟有朋友這樣禮待自己！而一次次的此情此境，已超越吃喝事兒，是在享受人情味的可貴。

017

意見接受，態度照舊

Behemoth Brewing Summer in a Can Hazy IPA

◇

不知大家有沒有留意，手工啤酒的包裝不論是瓶裝還是罐裝，一般都喜歡走比較「Man」即男性化的設計路線，不外乎搶眼的粗字體或魔鬼猛獸等插畫。

所以我欣賞走可愛風、來自新西蘭的 Behemoth Brewing。酒廠採用了可愛的卡通人形怪獸作為品牌主角，不同口味的手工啤酒會配合主題或啤酒風格有不同的造型，十分可愛，這就是商業社會所講的創造差異性。酒廠在 2013 年創立，起初這個可愛主角並不被人接受，同業們也「唔睇好」，覺得啤酒市場主要是成年男性，形象方面不應該以卡通為主，他們意見接受但態度照舊，到現在已經創作了超過 350 款不同口味的手工啤酒，如此誇張的數字代表了市場的反應，使那些不看好的人大跌眼鏡。其實我相信酒廠在酒標設計上的大成功主要是他們比其他人更早看到手工啤酒市場的兩大特點：一、所謂成年男性其實都是一班「大細佬」；二、和大部分其他產品一樣，女性市場才是王道。

Behemoth Brewing Summer in a Can Hazy IPA 的酒標意境非常好，卡通主角換上夏威夷袖衫，戴上太陽眼鏡，手持游泳圈，背景是太陽傘和椰林樹影跟海鷗，單單是看包裝已經很夏日。在杯中，大量的熱帶水果香氣如青檸、甜橙、熱情果等等明顯地散發了出來，入口清爽，豐富的果味充斥所有味蕾，收結自然的 IPA 苦韻也容易接受，最適合配搭美式漢堡包、東來卡巴（Doner Kebab）、墨西哥烤肉餅（Mexican Fajitas）、熱狗等有醬汁的三文治，因為苦味能有效減少因油分帶來的肥膩感。

018

旅酒

Kuehn Kerlig Hell

由於工作關係我經常要隻身到外地公幹，起初由興奮期待的新鮮感到多次經歷之後的孤獨感，再到現在已成習慣，甚至愛上寧靜，我歸納自己是一名創作行動型的人，很多想法，很多創意，但不是天馬行空，只會在有足夠數據的支持下創作，想通了便要行動去證實。所以在外遊方面我喜歡無拘無束，想到哪裏便馬上起行。而且我喜歡到當地酒吧流連，因為酒吧才是我心目中的名勝古蹟、旅遊景點，我可以特地坐一兩小時的交通工具到某酒吧喝酒，一天可以去三四間，跟酒吧的 bartender 聊天，在酒吧內認識新朋友，並交換 Instagram，我稱這行為為「旅酒」。旅酒，意指旅行與品酒，最適合描述一些熱愛品酒的人藉著旅行或公幹，遊歷世界不同地方，並到當地的酒吧、啤酒節、酒莊、品鑑會等品嚐美酒。

記得有一次在德國法蘭克福轉機到意大利羅馬的時候，很難得給我看到有手工啤酒售賣，要知道一般機場此兵家必爭之地早早已經被商業啤酒佔據，德國果然是啤酒大國，前瞻性高。有機會喝我當然不會放過，一次過喝了 3 瓶，最深刻的是來自德國本土 Kuehn 手工啤酒廠的 Kerlig Hell，Hell 是一款採用 Lager 酵母發酵的清爽啤酒，此酒酒精度 5.2%，IBU 是 30，麥芽味和啤酒花的果香比例相當平衡，入口清爽，餘韻帶甘苦，清涼和諧，有一種令我可以暢快品嚐，進入自己的空間忘憂的感覺。

019

第一次的驚喜總令人回味

帰山参番純米吟醸

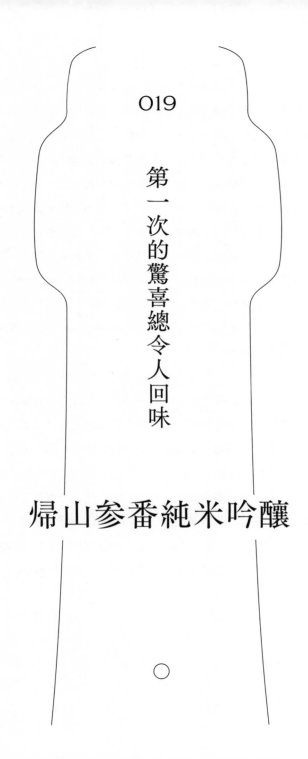

記得首次喝帰山参番純米吟釀時，正為 SSI 國際唎酒師考試作準備。當時品試了許多清酒，又不斷練習去寫品酒筆記。

這支酒開瓶即散發出蜜瓜、熟梨芳香，接著來的是一些熟飯、乳酪香氣；放暖了更開始散出一點點的醬油味道。入口清新、微甘、果香豐富，收結多了一層一層的旨味。旨味是清酒獨有的味道，來自米中的氨基酸，其釀製出來的酒會散發出感覺像香菇、醬油、豆腐、乳酪等的味道，其實也可幻想成是一些鮮味。這支酒平衡度高，是頗全面的一瓶日本清酒。

但給我很深刻印象的是配菜後有了不一樣味道，讓我更覺得品酒嚐菜真充滿驚喜。那次簡易地弄了清酒煮蜆及牛骨濃汁牛丸相配。清酒煮蜆的海鮮味配這日本酒剛好，因純米吟釀本身味道不會太濃，而且此参番風味特別優雅，能帶出更多鮮味，同時酒質也不受影響，只是沒什麼昇華的感覺。

但當配到清酒煮牛骨濃汁牛丸就甚有驚喜！這道牛丸本身已比一般的鮮味較濃、多汁，很突出，經配上帰山吟釀後竟可帶出潛藏於清酒內猶如芝士般的旨味，竟像在吃芝士牛丸！因當時也常愛品嚐不同酒類配搭同一道菜式，也就特意開了瓶白葡萄酒作即時比較，但白葡萄酒配牛丸時就沒有「芝士味」了。

其實清酒配牛丸能以「芝士味」形容，是因為日本酒本身有酸度，有時又會有少少鹹味，加上和芝士一樣是發酵製品，故有芝士味的感覺不足為奇。只是對初嚐清酒者而言，若不了解箇中原因，品嚐到芝士味時確實會讓人嘖嘖稱奇。

020

向著自己的夢想飛行

伊勢角屋麦酒
Cardamom Porter

◇

伊勢角屋麦酒來自三重縣伊勢市，是我最尊重的一個日本手工啤酒品牌之一。要知日本酒一向的口味導向都是為了配合他們的料理，而日本料理十分重視食材的新鮮和食材本身的原味，所以味道會較細緻，酒也會相對較淡，如日本清酒、日本威士忌、威士忌 Highball（加入梳打水的威士忌）。日本手工啤酒也不例外。

配合市場口味當然是經營一盤飲料生意重要的一環，但也要懂得平衡。作為一位國際啤酒評審的我，知道手工啤酒其實有一些風格上的指標，不應該太過偏離，過分配合市場口味，反而會失去了教育市場的使命，有個人特色和不倫不類只是一線之差。

而伊勢角屋麦酒是少數堅持面向國際的日本手工啤酒，他們的常規酒款十分標準，而季節性款式也在風格框架內找到創作點。我特別喜歡這支 Cardamom Porter，認識我或蜜蜜啤的人會知蜜蜜啤的第一款酒就是 Porter，所以我對 Porter 特別有研究。這款 Porter 除加入了荳蔻，還有可可粉和橙皮，是一款酒精度 8%、2016 年發行的冬季啤酒。一開瓶便散發出荳蔻、巧克力和咖啡的香氣，深黑色澤及啡白色的幼滑泡沫，入口綿滑，豐富的荳蔻及東方香料的味道，夾雜著巧克力和咖啡，烘烤麥芽帶出的苦味和啤酒本身的微甜相當配合，相信是一年的熟成使這酒變得圓潤，味道融合和諧，餘韻都是香料味道，收結適度乾身。完成度不錯的手工啤酒，令我有想吃巧克力蛋糕或曲奇餅的衝動。

希望伊勢角屋麦酒繼續堅持努力，不偏不倚，以品質為中心，以正宗為導向，向著自己的夢想飛行！

021

做人隨意，做生意就要有計劃

Château des Vigiers Bergerac Cabernets - Merlot 2014

今天品嚐的是酒莊 Château des Vigiers 的紅酒，2014 年的 Cabernets - Merlot，來自貝爾熱拉克（Bergerac），位於法國西南部。紅酒色澤呈深紅石榴色，散發出黑色漿果和一絲絲的橡木香氣，入口濃郁，果味豐富，單寧柔順，沒有複雜造作的多餘味道，優雅細緻，適合搭配各類港式小炒或煎炸香口料理。

此酒莊目前有紅酒、白酒及粉紅酒，出品屢獲殊榮。莊園是一座迷人的 16 世紀建築，周圍環繞著鄉村，附近有 3 個小鎮 St. Emilion、Sarlat 和 Lascaux。莊園包括四星級的 Château des Vigiers 酒店，設有高爾夫球場、3 棟宏偉的建築內有室外游泳池和 spa 館。2020 年很輕奮得到一張任選目的地的來回機票，本來行程已包括這莊園，但很可惜一改再改，未能成行！念念不忘，現在只有先品酒了。

莊主是攻讀自己所好的藝術及心理學，學成後回港並創辦自己的集團，我記得曾看過莊主為其第一個酒莊所製作的一條短片，由畫面至配樂都能見他的心思和風格！他也曾把自己的酒莊寫生用作酒瓶標籤。雖未算把所學經營成為事業，他卻在事業上實踐所學，讓我感受到只要緊抱夢想、信心，伺機而為，就沒甚麼能奪去自己的真我本色！

他還笑說自己從商常被人說「不懂做生意」，他卻有自我一套說法：「人生不是為追求錢，而是如何令人生完全，從多角度裝備自己。」他所說的「出賣」了自己骨子裏的藝術家情懷！藝術真是只能自然流露、意會的事兒呢。

不少人都以為他是興之所至就買下了第一個酒莊，其實他是機緣巧合到訪山東蓬萊時，眼見不少法國酒商在中國種葡萄釀酒開拓市場，就想到何解他不能到法國去投資酒莊！

我相信天賦藝術思維在於思想空間的無限、自由靈活，敢於天馬行空如這位莊主，累積了人生經驗的直覺去經營生意，自然會懂得做足籌劃工夫了。這位朋友穩固了他第一個莊園後，近年再投資這個大 20 倍、設高爾夫球場的 Château des Vigiers 以發展旅遊生意。

說到這裏，猜中莊主是香港人了？對的，他是黃家和先生，同是 Château Le Cleret 的莊主。

我欣賞他隨緣隨心待人，以理智和所累積的經驗處事，把喜歡的事物興趣成為一個個可持續發展的項目，成功之道恰如他說：「不只是自我要覺得喜歡，還要有熱誠才能堅持到底，不論成功與否，要堅持並相信你喜歡的事物會實現。」

022

跟朋友享受熱騰騰打邊爐，
情義更濃

蜜蜜啤
蛤IPA

焓 IPA 就著香港人特別喜歡打邊爐的愛好而設，酒精度只有 4%，是一款可以每天在任何場合和朋友暢飲的清爽社交型 IPA。每次跟朋友喝的時候，他們都很驚訝那強烈的橙汁香氣，但這橙汁香氣完全是來自啤酒花，沒有添加橙汁，而且還有柑橘和熱帶水果香氣，可飲度極高，苦味溫和，餘韻清爽能喚醒你的味覺。為了讓打邊爐愛好者更容易配搭火鍋中的各類食材，我們特意將 IPA 設計成低酒精度的飲品，有助解膩和解上火，可以開懷盡興「焓下焓下」！

酒標設計方面，我大膽把熊貓蜜蜜愛吃的新鮮食材注入設計中，概念來自小時候讀歷史見到「酒池肉林」這個成語。希望熊貓蜜蜜和大獅啤啤火鍋風呂主題能喚醒大家的味覺，現實生活中也可以在冬天浸泡完風呂後，以低酒精度 IPA 搭配火鍋食物，開懷吃喝！

酒標更有日與夜兩個版本，意味著就算是日間或夜晚也能輕鬆暢快地飲用，細心看背景，更是我們香港的地標中環 IFC 呢！

023

理想是夢想加上理智規劃，
成功需要勇於實踐加上堅毅

瑞鷹熊本の地酒
阿蘇万歳純米酒

阿蘇山是位於日本九州中央的活火山，熊本縣別稱「火之國」由此而來。阿蘇万歲純米酒是購自阿蘇山的紀念品，是阿蘇山的特別版清酒，產自熊本市瑞鷹酒藏，色澤清澈透明，酒在杯中時散發出含蓄的熟飯和如軟芝士的芳香，旨味豐富，口感軟綿幼滑，餘韻悠長。適合搭配串燒、關東煮等日式料理。

地酒（その土地の酒），理論上是指那些用當地原材料釀製而成的當地酒，主要是供應給當地的消費者，但時移世易，如今都不太拘泥於這定義了。而像我這樣的遊客會特別喜歡購買當地酒作為紀念品帶回家與朋友分享。不知道你有沒有同樣的想法，覺得地酒是來自相對較小的地方酒廠，它代表了地方酒廠的傳統和工匠技術，即是較具地方色彩，可說是 Craft Sake（以日本酒的傳統技術為基礎而釀造的酒），因此會感覺好像自己把當地酒帶回來了，就能一邊品嚐一邊回憶在那裏的種種人和事。

這支地酒並不是我自己買的，而是我的拍檔 Tomy 送給我的第一份生日禮物。當時適逢我們首幾月的協作磨合期。

Tomy 與我無論是個性，還是過往累積知識和經驗的範疇，以及對酒的認識，可以說是截然不同的，唯一共通點是勇於嘗試、愛開創新領域做先導者。他是香港手工啤酒的先驅，早在 7 年前已在葡萄酒界經營生意 10 多年，享受著成果。之後因對手工啤酒興趣濃厚，從而透過自修成功考取 Beer Judge Certification Program（BJCP）啤酒評審專業資格，還要是香港首位獲認可級別的啤酒評審。與這樣自信、專業的人協作，擔當他的經紀人，真是談何容易！

可是，越是困難就越要共同努力，一起上山落山，把興趣變專業，然後把專業變為事業，最重要體察到自己是走在恩典之路上。

我們至今創辦了品味潮人啤酒品評師證書課程、香港品味潮人清酒大賞，後者至今更成為日本以外歷史最悠久的清酒比賽。他亦成為蜜蜜啤配方研發人和釀造事務總監。這麼多年，他真的只有一個興趣，就是所有與酒有關的事。但只要興趣或夢想不再只是口號或空想，把夢想加上理智去規劃實踐就可以是理想；只要有恩典，有堅毅不屈的精神，有實踐的勇氣，有抵得住衝擊的風骨，就會踏上勝利的人生。而協作至今，我們彼此之間的信仰相同，相互謙讓、尊重、信任、理解和包容。二人同心，其利斷金，但願我們的故事會成為你的祝福，希望對有協作夥伴的你奏效，cheers！

024

莊周夢蝶孰真孰假

VandeStreek Playground Non-Alcoholic IPA

大家或許曾經見過無酒精的啤酒，甚至試飲過，但多數都是商業啤酒。而無酒精的手工啤酒你又有沒有喝過呢？這款 VandeStreek Playground 無酒精 IPA，它有 IPA 風格常見的柑橘、香橙、熱情果、芒果等來自啤酒花的 Hoppy 香氣，所以合眼一聞下去香氣跟有酒精的 IPA 沒甚麼大分別，入口有些酸度而集中，後段的苦味就是 IPA 的感覺。只是酒體因沒有酒精的關係口感比較單薄，但在不想喝酒精飲料時就最合適了。

此酒產自荷蘭，雖說是無酒精 IPA，但其實是有 0.5% 酒精度，因為很多國家都定下了酒精度不高於 0.5% 便可以稱該啤酒為無酒精啤酒的準則。對我來說，只要釀造上原來也是用手工啤酒的方法和材料，能給我與喝手工啤酒一樣的享受，能在我不得已吃了味精含量過高的食物後可清淨味覺，那就不是仿酒或假酒，而是真正的手工啤酒。至於味道則見仁見智，就算是同一款的風格類別，香氣味道都會因應不同啤酒品牌的釀酒師的風格和技藝而不一樣，這又正是手工啤酒的好玩之處，也讓復興中的手工啤酒產業百花齊放。所以我不會對這款 VandeStreek Playground 無酒精 IPA 苛刻。

不過無論怎麼說，身邊不少愛酒朋友都會說寧可喝水也不選擇無酒精的酒，覺得「好假」。我理解他們的想法，因我都不喜歡仿冒品或假的東西。可是，現今世代雖有人說「真的假不了，假的真不了」，但真相很多時是很複雜的，由各方面的事態合成，誰能知道全局？

曾見過一宗事件，明明當事人丙女士同我朋友的公司簽下了一個急趕工程並付了些許象徵式的訂金，怎料交貨前幾天丙女士因公司出現狀況經營不下去就改變主意決定不擴張！但朋友要做的所有組件都已完工，只是遭到丙女士拒收！當與丙女士商討時，她還算友善去探討解決方案，但最後因朋友做不出她的「建議」——給些許訂金算是補償，但要由朋友跟供應商找個理由指責他們犯錯，從而取消交易。丙女士說這招好管用。朋友則表示，因跟進的所有組件都是以丙女士簽名許可的工程圖則而做，供應商沒出錯，朋友做不出這樣把問題推諉到一直合作的供應商身上，堅持要交付貨，建議最多幫丙女士看如何試試跟供應商討論折讓等等的方案，可惜卻招致丙女士老羞成怒，在酒樓中突然拍檯控訴朋友大男人欺騙一個弱女子，擺出一副因委屈而導致歇斯底里地反擊的樣子來，真是爛佬不敵心機潑婦，朋友在一眾看戲的花生友前覺得有理說不清便「投降」了。怎料到丙女士還細聲一句跟朋友說：「原本看在你所給予的服務很不錯才教你應怎樣跟供應商說，但你竟然那麼憨居、不識趣，現在你必須退還訂金，不然我就採取行動，讓你的公司聲譽受損！」朋友被氣得七竅生煙，但最後還是息事寧人，他說：「男人做大事的不想與這等卑劣瘋婦糾纏。」他選擇自己向供應商說出真相並掏錢給他們，更真的讓那丙女士囂張地到他公司去收回訂金。

我當時得悉此等不平事時比朋友還義憤填胸，也教曉我自此之後如路見不平，而自己只在中途看見、未清楚了解來龍去脈，我都不會妄加論斷，因人心險惡難測，現今世態實在不少人懂得利用人的善良或輿論壓力去謀自己的益處呢。

最近朋友跟我提到，聽聞丙女士「上得山多終遇虎」了，這弱女子不能再在商場上拖累人，真解氣。而供應商因朋友甘願替別人承擔，就給他更大的信任，這樣大大增強了他們機構間的協同效益，因為機構協作最重要的無形致勝條件就是信任呢。朋友選擇了正路，結果因先捨而後得。

所以，何謂真何謂假？我只知道有真理。喝著喝著，忽然靈感飄至：

莊周夢蝶何孰真
拂袖過雲不拈塵
若然思慕皆貪求
愛恨交纏只因癡
追思懷念無絕期
活過現實醉度夢

有時探究世情、真相令人真累，只想今朝醉度夢！

025

儀式感都講究品質

Senac Non-Alcoholic Sparkling Apple Drink

今天甚麼都不想做，只想獨個兒沉浸在電影世界裏。喜愛電影或把電視劇集當電影般一次過看完的我安裝了兩個收費電視台，節目頻道多不勝數。為了更有儀式感，便挑了支開瓶時會有「蹦」一聲的酒作開幕禮。但一個人喝香檳多沒意思，所以就開了支無酒精果味氣泡酒 Senac Non-Alcoholic Sparkling Apple Drink！她產自西班牙，有幾款味道，一次展覽上代理商老闆 Joe 給我試過所有味道，我最喜歡 Apple，散發出特別清新的青蘋果香氣，氣泡充足持久，而且相當細緻漂亮，青蘋果味道天然，不像汽水般一瞬即逝，酸甜度適中，沒有那種化學感，可口暢快！

Joe 把這產品線推廣得很好，聽說在某香港網店的流量很高，天天要出貨。我覺得這是應該的，因他抓對市場方向了。現在小朋友太早熟，成年人很難勸說或阻止他們不模仿大人的所作所為，大人唯有不做才能罷休，結果大人高高興興跨家庭聚會上想享受把酒言歡之樂都要陪喝汽水⋯⋯但真的健康些嗎？現在有了這產品，酒精沒有了，儀式感卻滿滿的，大人小朋友各適其適多暢快。更何況聽 Joe 說，酒莊本身有出產氣泡酒的，所以此有汽酒其實是與氣泡酒生產過程大同小異，只是最後需要無酒精化處理。一聽他導賞解說後，身體接受不了化學添加物的我當然家中常備此酒啦！

第二章

CHAPTER TWO

品嚐

生活和品酒一樣講求體驗，始終人生苦短，活得精彩、喝得講究才無悔一生。

026

酒是回憶催化劑

花の露純米大吟釀

◇

今天在社交平台看到動態回顧的舊貼文，回看多年前曾和家人一起到日本福岡旅行，雖然只是 4 日 3 夜的行程，但姐夫租車自駕遊，點對點的情況下都到了很多不同的地方。還記得和老父二人晚上到 Taproom 喝手工啤酒。老父很關心我們三兄弟姐妹，經常想知道我們生活、工作的情況，在酒吧內交談正好讓他知道我的興趣和事業發展。福岡令我難忘的還有清酒，感謝香港品味潮人清酒大賞，讓我認識到花の露純米大吟釀。

花の露純米大吟釀在 2022 年的香港品味潮人清酒大賞勇奪最佳純米大吟釀殊榮，要知道純米大吟釀一向都是最多酒參賽的組別，競爭相當激烈，要脫穎而出絕不容易。此酒 100% 採用福岡縣生產的酒造好適米山田錦。酒造好適米指適合釀造清酒的米。酒造好適米的米粒一般比食用米大，比較重，而且有心白（白米中心不透明的白色部分），因為心白的主要成分是澱粉質，能使白米在糖化期間較易出糖。白米要高吸水性和蒸煮後要外硬內軟，前者是幫助發酵，後者是當蒸煮時心白發大後，外層也不會爆破。另外，精米步合 50%，清新的花香夾雜青蘋果、奇異果等香氣，入口柔順優雅，酒體圓潤，甘辛度適中，餘韻強烈帶有如堅果及巧克力的味道，是一款會令你不知不覺地喝下去的美酒。

我細味品嚐，漸漸出現了一種要再次和家人到福岡旅行的動力，難怪有人說酒是回憶的一種催化劑。

027

喝酒的心態

七冠馬山廃仕込
純米吟釀

◇

不知道大家是否跟我一樣，在疫情下一星期才上兩三次街，所以每次都將行程安排得密密麻麻，在規劃上也要下不少工夫，沒有駕車的我除了盡可能每一站都要順路之外，也要顧及拿的東西會否令自己太吃力，又要很仔細謹慎，不要買漏東西，壓力都頗大，每次都弄得自己身心疲累。

昨天買了一支日本清酒，因為知道今天會留在家煲日劇，可增添多一點儀式感。這是一支叫「七冠馬」的山廃純米吟釀，來頭不少，是去年香港品味潮人清酒大賞的雙銀獎得主，使用的米種很特別，是 100% 酒造好適米「佐香錦」山廃仕込的純米吟釀。佐香錦用了 16 年時間開發，是「改良八反流」和「金紋錦」交配而成，釀出來的清酒不僅米香豐富，而且清爽乾淨，適合做純米吟釀。那什麼是山廃仕込呢？釀造清酒其中一個工序是製作發酵液，而製作發酵液的方法有兩種，一種叫「速釀系酒母」，另一種稱為「生酛系酒母」，而山廃仕込是生酛系酒母內再細分的一種方法，這種方法讓天然的乳酸菌自我繁殖，需要的技術比較高，而且比速釀系酒母需要多一倍的時間，但釀出來的酒旨味會較豐富，酸度較高。

這支七冠馬山廃仕込純米吟釀，散發出如青瓜及薄荷清香，入口幼滑，山廃仕込來說酸度不算太高，口感豐厚綿密，餘韻帶有堅果的芳香，有深度有內涵，喝進去有一種滿足幸福的感覺，和七冠馬的故事相當匹配。

原來七冠馬的命名真的和馬有段「淵源」，不對，應該說是「姻緣」才對。話說日本在 1980 年代出了一匹良駒名字叫 Symboli Rudolf（辛博利魯多夫），曾歷史性奪得「七冠王」，被譽為是 20 世紀日本最強的賽馬。此匹良駒的牧場主人的兒子與當地島根縣的酒藏藏主的女兒由邂逅相識到談戀愛，經過一段愛情經歷後在 1986 年結成夫婦，同偕白首。而這一年正正是 Symboli Rudolf 奪得七冠王的一年，可謂雙喜臨門！為紀念兩個家族如此歡欣的大日子，他們決定釀一個系列的清酒，把快樂傳承下去，但此決定由構思到成品出產足足花了 10 年的時間，可見他們對此事認真和一絲不苟的態度，終於在 1996 年「七冠馬」清酒誕生了。我有幸今天能夠喝到。

再說回清酒，不知不覺原來已經把酒喝了大半，肚子也有點餓，腦海裏第一時間想到相配這酒的料理就是燒肉！感恩今時今日有室內電子燒烤爐，把雪櫃內的各款適合燒烤的肉類和蔬果拿了出來，搖身一變居所變成唯我獨享的居酒屋，一邊喝著手上這杯酒，一邊吃著燒肉，清酒馬上變得醇厚，更加芳香，燒肉也多了一份甜，這就是酒和食物的婚姻，完美的配搭，緣分的邂逅。而我⋯⋯自斟自飲，想喝多少就多少，慢慢享受著獨處的時光，與美食「對飲」，把酒想想釀造者的心思，又讓心靈自我解放一下，多麼浪漫、美好的一天！所以，感覺日子是過得怎麼樣，是對酒當歌須盡歡地享受獨處的浪漫，還是感懷孤寂自飲悶酒，就看自己心態了！

028

誰能明白我

天之藍

◇

現代的中國白酒主要分為十二大香型，排名不分先後，分別是濃香型、醬香型、清香型、兼香型、鳳香型、米香型、老白乾香型、特香型、馥鬱香型、豉香型、芝麻香型和董香型，在香港大家熟悉的品牌如五糧液便是濃香型，貴州茅台便是醬香型，玉冰燒便是豉香型。每款香型各有分明特色，非常有規劃。

一位友人和我一樣對中國白酒有一點研究，她邀請我一同品嚐這款天之藍。天之藍是中國江蘇洋河酒廠釀造的藍色經典系列的其中一款白酒，官方說是綿柔型白酒，但本人覺得算是較綿柔的濃香型，以優質高粱為主要原料，以低溫緩慢發酵，慢火蒸餾而成，酒色清晰、無色透明，香氣清新不刺鼻，入口溫柔但口感十分複雜，味道豐富而且協調，餘韻綿長而尾段乾淨。綿甜是此酒的主要特點。

中國白酒博大精深，但一向給外界的印象是酒精度高很辣很烈，一杯也會喝醉，所以試一口也不願意試。喝著喝著，我突然想起了一首林子祥的經典歌曲的一段歌詞：「途人誰能明白我，今天眼睛多雪亮，人是各有各理想，奔向目標不退讓，用歌聲，用歡笑，來博知音的讚賞。」就像我這支天之藍，酒如人生，向大家唱出哀歌，希望博得知音的讚賞，但她不是用歌聲和歡笑，而是用味道和工藝。

029

When Was the Last Time You Did Something for the First Time?

961 Lebanese Pale Ale

◇

回想起大約 10 年前的光景，我喝了一支可以說是改寫了我人生的酒。這支酒外觀不突出，但使我畢生難忘，有很大衝擊，這就是來自黎巴嫩的手工啤酒廠「961」的 Lebanese Pale Ale——我人生第一支手工啤酒，對我日後步入啤酒評審這段路有很大影響。

大約 10 年前我都是和大部分人一樣，覺得啤酒只有一種口味，一種風格，就是那些商業啤酒的 Lager 味道，但當嚐了一口 961 Lebanese Pale Ale，把我一向的想法打破了！那衝擊是很震撼的，那種「原來啤酒可以是這樣的！」的感覺永遠留在我心裏，就像當初我踏入葡萄酒世界時，令我感動的 Château Moulin Riche 1998，也是同樣把我當初以為紅酒只有澀和燒喉的感覺推翻。

至於這支令我「感動」的手工啤酒是什麼味道的，最難忘的是一開瓶那充滿爆炸性的香料芳香，複雜的香料味包括百里香、薄荷、八角和洋甘菊等等，入口那清爽的啤酒花感和香料味配合得天衣無縫，乾淨利落的收結，相當吸引。961 其實是黎巴嫩的國家代碼，像香港的 852，961 啤酒廠採用了當地的香料來釀酒，正正是手工啤酒精神的可愛之處。就是因為他們的創意，創造出這麼特別的啤酒，我那「研究癮」當時又再一次發作，直至現在手工啤酒已經成為我的事業一部分，每次我舉辦「手工啤酒品飲工作坊」都喜歡選用這支啤酒給學員們品嚐，也往往令他們喜出望外。

030

家有一老，如有一寶

Scarpa Tettineive Barbaresco 1989

◇

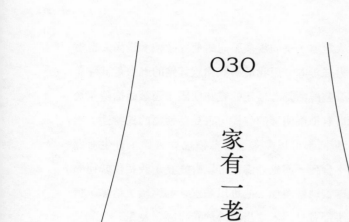

葡萄酒有很多可人之處，例如很多不同的葡萄品種、崇尚大自然的工藝、配餐能力強等等。但我最喜歡和欣賞她的魅力是其陳年後的變化，大部分發酵酒都有最佳的賞味期限，而蒸餾酒陳年後也不會如葡萄酒般有那麼明顯的改變，可見葡萄酒的獨特性。然而，不是所有葡萄酒都可以陳年，葡萄酒也如人類，有生命週期，會生，會老，會死，而她的壽命可以有幾長，我相信就連釀酒師也不能夠很確實地答覆你，他可以憑過往的經驗去估算，但在酒的世界，凡事都有可能，喜出望外的驚喜經常發生。

記得 2018 年獲 Italian Trade Commission 邀請，代表香港出訪意大利一個大型美酒佳餚展觀摩交流，4 天的行程安排得十分緊湊，每天早上 7 時 30 分在酒店大堂集合出發到展覽會場，每天也有不同的節目，有手工啤酒研討會、獲獎橄欖油的品鑑會、當地農業部舉辦的有機農作物介紹、Food Demonstration、Cooking Show 等等。每天都在會場內不停穿梭，忙碌但獲益良多，增長了不少知識，也和當地人交流了不少我們香港的心得，更感恩最後一天我們被安排可以自由活動，而我當然是全日留守在葡萄酒展區啦！由於只有一天時間，我定下了只品試舊酒為目標，而最令我有深刻印象的是這支 1989 年、來自意大利西北部皮埃蒙特（Piedmont）的 Scarpa Tettineive Barbaresco，釀酒葡萄是 100% 的 Nebbiolo，帶有年紀老邁的紅磚色，洋溢迷人的紅莓、甘草和菸草的香氣，入口如絲般幼滑，薄身但味道豐富，除感覺到已經柔順多時的單寧外，還有多層次的成熟黑色漿果、皮革和香料風味，酸度充足，餘韻如橡皮糖般柔軟悠長。這支陳年後的葡萄酒有一種不能複製，只可以隨著歲月經歷才能顯現出來的味道。

光陰不會復返，長輩以往所經歷的我們這一世也無法體會，他們的經驗十分珍貴，蘊含著很多生活智慧，值得尊敬，相信所謂家有一老，如有一寶，就是這個意思。

031

天下武功出少林

Houblon Chouffe IPA

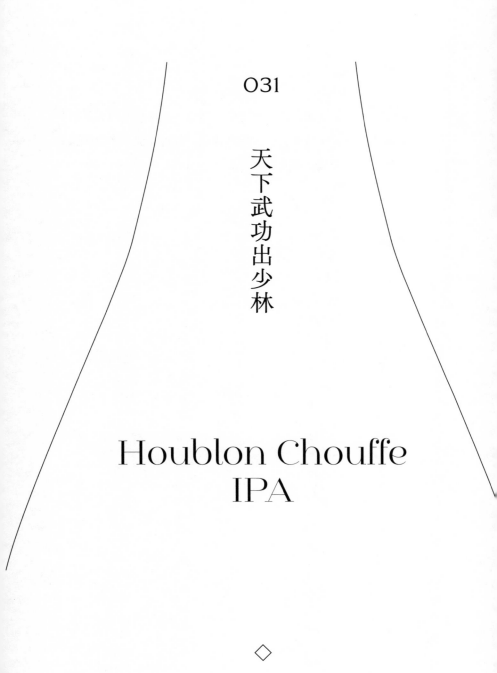

經常都有人問我，Tomy Sir，你去過那麼多地方做啤酒評審，你最喜歡哪裏的啤酒呢？這個問題很難答，因為我基本上沒有偏好，只要是好酒，我便會找到其值得被欣賞的原因，但如果真的要我作選擇，我會選比利時啤酒，我喜歡比利時啤酒的優雅和多樣性，風格之多可以說是沒一個國家能及，由清爽的 Witbier 到大家較認識的 Belgian Blond Ale 和 Belgian Pale Ale，還有修道院啤酒的 Dubbel、Tripel 和 Quadruple，加上不得不提的酸啤 Lambic，還有我超喜歡的 Saison，而我今天正好喝著的 Belgian IPA 也是表表者。

Belgian IPA 是迎合現今手工啤酒風潮衍生出來的，由 American IPA 演變而成，釀酒師和家釀啤酒愛好者開始採用比利時酵母釀造 American IPA，久而久之便創造出此風格，命名為 Belgian IPA。Houblon Chouffe IPA 採用了 3 種啤酒花，典型的 Belgian IPA 風格，含豐富果香，啤酒花與麥芽的平衡度都很高，餘韻帶明顯的甘苦。尤其是柑橘、青蘋果等香氣，酒精感較明顯。

由於比利時曾經是法國的殖民地，至今在比利時也有很多法國人在居住生活，尤其是比利時的南部，受法國文化影響很深，故比利時對待啤酒的態度跟法國人對待葡萄酒的態度不遑多讓。最能顯現這一點的除了比利時啤酒的酒瓶大小，另一特徵是「酒杯」，大家有沒有留意不同品牌的比利時啤酒會採用不同形狀的酒杯呢？原理等同喝白葡萄酒用白葡萄酒杯，喝紅酒用紅酒杯，喝波爾多紅酒用波爾多酒杯，喝布根地紅酒用布根地酒杯。每間啤酒廠都會使用自己原廠設計的酒杯，因為最了解自己啤酒特性的一定是他們自己，他們設計這酒杯就是為了充分表達自家啤酒的風味和個性。

現代很多啤酒的風格都是以比利時啤酒為基礎，所以我形容比利時啤酒為少林功夫，「天下武功出少林」絕對是當之無愧！

032

在酒的世界，沒有東西是不可能的

天の戸貴樽貴釀酒

◇

眾所周知，葡萄酒的世界裏面有一種酒價值不菲，分分鐘可以過萬元一支，叫甜白酒（Dessert Wine），我想大部分讀者都知道什麼是甜白酒，而且應該很多人都品嚐過，知道是什麼味道。甜白酒的款式有很多種，最鮮為人知的有拿採收時溫度到達冰點的葡萄來釀酒的「冰酒」，知名產地在德國、加拿大，也有另一種受到貴腐菌侵蝕後糖分濃度很高的「貴腐酒」，最多人認識的貴腐酒產地相信是法國波爾多蘇玳（Sauternes）區，但其實甜白酒又豈止葡萄酒的世界才尊貴，清酒的世界也有甜清酒。

這一款獨特的類型，稱為「貴釀酒」。貴釀酒和葡萄酒的甜白酒不同，不像葡萄酒利用原材料的變化來保留酒內剩餘的糖分，使味道偏甜，而是在並行複發酵的過程加入適量的釀造酒精，加入釀造酒精後，釀酒酵母會停止發酵，所以剩餘糖分能大量保留，釀出來的酒會較甜，而且由於加了釀造酒精，酒精度也比一般清酒較高，但味道也不失米香和辛口如堅果、黑巧克力的感覺。

早前我獲邀協作一場 Sake Dinner，負責尋找適當的清酒配搭菜式，配的不是日本菜那麼簡單，而是法國菜，由籌備、試菜、試酒、改餐單，到真正活動當晚足足用了 3 個月的時間，還記得當晚共 8 道菜，每道菜配一款清酒，有法國生蠔、煎鵝肝、牛扒和芝士拼盤。還記得最困難的是甜品配清酒，當晚我選了那間餐廳相當出名的法式焦糖燉蛋（Crème Brûlée）做甜品，他們自家製的 Crème Brûlée 一來的確出色，二來很正宗，配上淺舞酒造的天の戶貴樽貴釀酒就剛剛好，不會感覺太膩，配搭起來互相昇華，賓客們都十分滿意。

這次 Sake Dinner 非常難忘，除了配搭的過程相當好玩之外，最開心是給賓客們另一種體驗，由好奇、質疑到驚訝、相信，最後滿足，和人一樣，很多時候面對新事物都是由不相信、認為「怎麼可能」開始，富好奇心的人會一試，結果把這好奇化為滿足，所以在酒的世界，沒有東西是不可能的！

我就是喜歡這種富有難度的挑戰！

033

傳統與創新的匯聚

多滿自慢山廢純米原酒 2015

◇

曾看過一篇訪問，當中釀酒師提到：「所謂『傳統』，並不是要一直堅守舊的東西，而是每個時代先進的舉措和挑戰的累積。」說此話的正是在1863年成立石川酒造的釀酒師前迫晃一先生。

就是這句話令我在2019年出訪東京時決定順道拜訪酒藏。沒錯！石川酒造不是位於什麼鄉郊地方，而是坐落於日本東京，由新宿坐中央線到拜島站下車，步行約15分鐘便能到達，相當方便。酒藏安排了各式各樣的導賞參觀行程，但務必要在網上預約。雖然酒藏不算太大，但麻雀雖小，五臟俱全，而且十分有驚喜！富歷史價值的酒藏建築和大自然的林木相互共存，酒藏中央有兩棵超過400年樹齡、名為「夫婦欅」的大樹，十分壯觀。石川酒造是少數釀造清酒的同時也釀造啤酒的日本酒藏，雖然啤酒廠不對外開放參觀，但有一個「麦酒釜の館」擺放了1887年開始釀造啤酒時使用過的啤酒壺，而時至今日他們釀造的手工啤酒品牌叫 Tokyo Blues，如想品嚐，酒藏內有一間意大利餐廳，可以一邊享受美食，一邊喝當地的手工啤酒。酒藏內還有一間商店，販賣他們自家生產的清酒，我當然滿載而歸啦！我最喜歡的便是這支2015年的多満自慢山廃純米原酒，微黃但通透的色澤相當迷人，純米酒的旨味豐富，加上熟成後所散發出的獨特菇味十分吸引，入口清香，非常厚身，口感柔軟，味道複雜，密度高，山廃仕入的微酸使整支酒不覺太膩，餘韻悠長，帶有如黑巧克力的辛口，與原酒的酒精感配合得天衣無縫。

傳統清酒工藝加上年輕手工啤酒品牌，歷史建築配上時尚的意大利餐廳，真的說得上是傳統與創新的匯聚。

034

景不再，酒依舊

Gulden Draak Smoked

◇

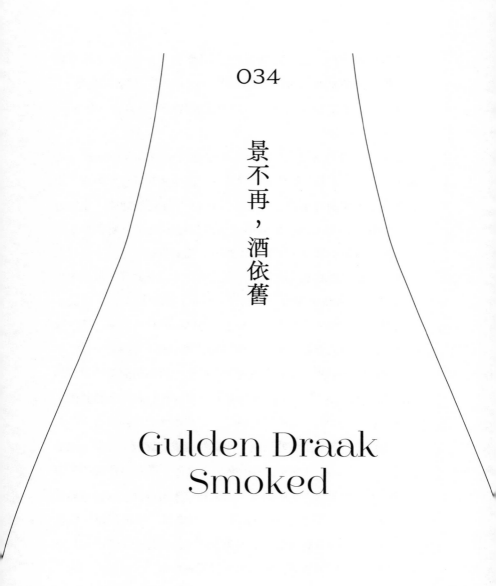

如果你經常到中環蘇豪區消遣的話，相信見過甚至光顧過一間以紅磚牆設計的比利時餐廳酒吧，說實話，近年因尖沙咀和中環的MiMiChannel 店舖相繼開幕而少了光顧，今天剛剛到這附近開會，有機會光臨喝一杯，位置不變，但人流明顯不復當年，相信疫情下經營也受到不少影響，但感恩酒還是依舊高質素。

之前也提到了比利時啤酒，而有一款我十分喜歡的風格是不得不提的——Belgian Dark Strong Ale，而今天我在此餐廳喝的叫 Gulden Draak Smoked。Gulden Draak 此品牌正正是 Belgian Dark Strong Ale 的表表者。Gulden Draak Smoked 給人非常優雅的感覺，來自比利時最老城市根特（Ghent），用一條展開翅膀、吐著火舌，像戰船一樣的金龍作標誌，據說是當年攻打另一著名城鎮布魯日（Bruges），大獲全勝後的戰利品，現在這條金龍還佇立在根特市內的一座鐘樓的頂部，象徵著「自由」和「力量」，一直守護著當地市民。啤酒廠 Brouwerij Van Steenberge 為紀念這場戰役便採用了此金龍作為標記。

Gulden Draak Smoked 採用了威士忌經常使用的煙燻麥芽技術，擁有非常複雜的香氣，散發出煙燻、肉桂、焦糖、西梅、布冧、香草的香氣，漂亮如紅茶的色澤，中等的泡沫但持久力強，出現 Belgian Lace，即是指喝一口酒後，酒液在杯邊流下來時速度緩慢，黏附在杯邊的時候像蕾絲一樣，代表酒體較厚，酒精度和糖分也較高。此酒入口如絲般柔滑，非常重麥味，多得瓶內二次發酵，也嚐到漂亮的焦糖味，不帶苦，收結長而略帶香料味，是一款強而有力，但出奇地容易入口的啤酒。由於容易入口，讓人很容易不知不覺喝多了。

035

達者為先

Jimsher Saperavi Casks Blended Whisky

◇

提起格魯吉亞，大家會想起什麼？是否風光明媚的澎湃山脈？還是釀造葡萄酒經驗高達 8000 年的技術？有沒有想過威士忌呢？對，是威士忌！蘇格蘭威士忌、日本威士忌大家聽得多，其實格魯吉亞都有生產威士忌，我當初和大家一樣聽到了都十分懷疑，還記得我第一次嚐的時候是在 2018 年，有朋友給我試飲這款格魯吉亞第一個威士忌品牌 Jimsher 的威士忌。

Jimsher 一共有 3 款威士忌，用不同的木桶熟成，分別是世界知名的格魯吉亞土生黑葡萄品種 Saperavi 的木桶、釀造白葡萄酒釀到出神入化的 Tsinandali 木桶和格魯吉亞白蘭地桶。當時我一見到第一時間想到 Jimsher 的老闆很聰明，作為酒類企業顧問的我特別清楚差異性的重要，在芸芸的「酒海」內要脫穎而出，酒的質素是基本入場券，有資金做推廣同樣重要，但比較短程，因為資金始終會有限，反而差異性才是產品能否細水長流的關鍵。而且眾所周知，木桶是威士忌風味的命脈，沒有木桶熟成，只不過是沒有顏色透明的蒸餾酒。當時我一次過試足 3 款，各有特色，但最喜歡的都是用了 Saperavi 桶的。這款並不是最幼滑的一款，但口感是最豐富複雜，香氣方面主要是櫻桃和黑莓的香氣，味道帶有西梅、葡萄，還有適量的焦糖味道，餘韻乾身但香甜，沒有蘇格蘭威士忌那種很 man 的感覺，反而像少女般溫柔，難怪此威士忌能在英國倫敦舉行的 Global Travel Retail Spirits Masters 2017 勇奪金獎！在蘇格蘭威士忌佔了大部分市場的當下，日本威士忌也能跑出，格魯吉亞威士忌又有何不可呢？

學無前後，達者為先。

036

是否新不如舊？

Château Dauzac 2005

◇

大家有沒有留意到，經常都有人說現在的「這個這個」已經沒有以前那麼好吃啦！現在的「那個那個」都是我們年輕時代的比較好吃！我在我身邊的朋友、家人，包括爸爸媽媽的口中也聽過很多次，但我覺得不是完全正確，有些食物如花工夫的菜式或街頭小吃可能確實沒有以前那麼好吃，甚至已經沒有太多人願意做，因為太費時而且賺不多，成本高效益低，但大家有沒有想過可能不是味道不同了，而是人大了，吃的好東西多了，歷練也豐富了呢？以前小時候，爸爸媽媽帶我去吃一頓牛扒是那麼開心，那麼期待，要乖或者考試有好成績才可以，所以那份牛扒是多麼的好吃，但現在一般的牛扒想吃便吃吧，不是一件什麼難事，而且除牛扒以外，還有很多類似的選擇如韓燒、日式鐵板燒等。

葡萄酒的味道也是，還記得創業初期必須要在最短時間內學懂葡萄酒，當時沒有如現在有五花八門的葡萄酒課程可以報讀，我和我的拍檔只好自費購買來自不同法國列級酒莊（Grand Cru Classé）的葡萄酒，對著一本 Robert Parker 的葡萄酒指南來學，看看能不能喝得出 Parker 評語上所寫的香氣、味道、口感。起初我們當然喝不出來，但到喝的款式多了，有了對比，慢慢腦內的大數據也增多了，便知道原來這就是所謂皮革的味道，原來這種程度的果香可以形容為果醬。當年差不多全數 61 個列級酒莊的酒都曾喝過，很多印象都很深刻，但現在再喝感覺已經不是特別難忘。可能你會說葡萄酒放久了味道會變化，這個絕對是正確的，但骨子裏的味道應該是類同的，但有些感覺已經不復再。

不過在酒的世界凡事都有例外，就如我多年前再喝的這支

Château Dauzac 2005，來自 Margaux 產區，這區的紅酒一向走高貴優雅的路線，不會是果香爆發型。我第一次喝的時候已經覺得此酒高密度，果香豐富，到多年後再喝，力量還是那麼強，集中的黑加侖子、如雜莓果醬的香氣相當迷人，入口的礦物味已經柔化，單寧也成熟了，變得更為平衡，年輕時的美少年，到現在同樣漂亮，不過少了一份不羈，多了份成熟穩重的魅力。

所以是否新不如舊，還是歷久常新？都是要開瓶後才知道。

037

何為匠人精神？

二兔純米吟釀山田錦 55

◇

日本清酒當中我特別喜歡「二兔」這個品牌，酒好喝不在話下，品牌故事和社長本人也相當有魅力。二兔是屬於「丸石釀造」旗下的一個品牌，丸石釀造位於愛知縣岡崎市，是一間有超過 300 年歷史的酒造。記得大約 6 至 7 年前，在香港的一個展覽會和社長深田英揮先生見過面，還交流他的品牌理念，之所以採用「二兔」為名字和酒標上也用兩隻兔子來代表，原來意思是做人和做酒一樣要專注，不可貪心，你是不可能同時間捉到兩隻兔子的，若貪心這個也想要，那個也想要，到頭來都是兩邊皆空。

這跟我的事業理念不謀而合，我希望能窮一生精力只專心做好一件事，精益求精，在這件事上不停探索、創作、突破，我相信這就是「匠人精神」。至今，我從事酒類行業已經超過 20 年，我的心還是和當初一樣那麼熱愛鑽研酒精類飲料，樂意和大家分享箇中的喜悅。

說回二兔，這支是二兔純米吟釀山田錦 55，在 2018 年榮獲香港品味潮人清酒大賞用家組和專家組的銅賞，精米步合 55%，採用山田錦米釀造，一開瓶便散發出陣陣清新優雅的菠蘿及蜜瓜香氣，入口如絲一般細緻幼滑，酸甜度適中，酒體輕盈自然，會跟海鮮類料理相當匹配，餘韻乾淨甘香。這就是專注的人才能夠釀出的好酒！

038

前輩提攜後輩天公地義

Moon Dog × Lervig – Kveik Aussie Hopped Hazy IPA

◇

在手工啤酒的世界裏面有一樣東西很特別，很有意思，叫合釀(Collaboration Brew)，是指兩個手工啤酒品牌合作，交流技術，一起創作釀造一款手工啤酒。兩個品牌可以是來自不同國家，不同種族，所以絕對可以說是一次以手工啤酒為載體作出不同文化的交流，而交流的同時也會互相交換技術及經驗，當然很多時候兩個品牌在技術和經驗也有高低之分，但大家也不會介意，互相分享。

正如這次 Moon Dog 和 Lervig 合釀，Lervig 也把很多經驗和釀酒態度和 Moon Dog 的釀酒團隊分享，採用了產自澳洲的啤酒花，再用來自挪威的 Kveik 酵母釀造，散發出大量柑橘、芒果、甜橙等熱帶水果的香氣，色澤是漂亮的矇矓橙黃色，泡沫不明顯，入口幼滑爽甜，果汁感豐富，中等的苦味，是一款平衡度相當高的 Hazy IPA 。

合釀的過程一般相當愉快，雖說前輩提攜後輩天公地義，但其實前輩也能在後輩身上有所得著，只要放下身段，看別人比自己強，相互包容，出來的效果會意想不到的好！

039

時日太快

Château Monbousquet
2013

我對 Château Monbousquet 一向都有點情意結，可能她不太像傳統 St. Emilion 溫柔的特性，又可能是那獨特的煙絲味道，一直以來都使我很深刻。今天有幸在機緣巧合之下再可以喝到這支 3 年前喝過的酒，但今天喝的味道和感覺已經不能與當日同日而語，當年喝的時候果香明顯尖銳，結構堅固，中度酒體，味道都感覺循規蹈矩，有潛力，但太年經，如中學生一般，初初接觸世界，缺乏優雅，但滿有理想，充滿熱情。但時隔 3 年，此酒成長速度很快，現在已經完結了求學時期，如一位嶄露頭角，清楚自己方向的年輕人，果香已經分明，包括紅莓、黑加侖子的香氣，夾雜著獨特的煙絲味道，而且多了一份成熟穩重，單寧變得柔順，餘韻也多了一份韻味，較悠長，較實在。

所以葡萄酒真的要開瓶後才確定，那種隨著歲月而變化的能力確實很強。還記得當年由初創小伙子踏足葡萄酒界，開始自學，買很多法國列級酒莊的葡萄酒來品試，為了了解更多，不會放棄每次和前輩們一同品飲的機會，在他們身上獲益良多，原來我也不知不覺由一名無知的小孩長大成人，背負著前輩們的傳承，為酒界出一分綿力。

040

身在曹營心在漢

Jean Leon Vinya La Scala Cabernet Sauvignon Gran Reserva 2011

◇

還記得多年前歐遊，首站是西班牙巴塞隆拿，由於知道 Jean Leon 位於 Penedès 的精品酒莊很接近巴塞隆拿，由巴塞隆拿出發車程只需 45 分鐘，便報名參加酒莊導賞團，網上預約相當方便，也有多款套餐可供選擇，有基本的品酒體驗，也有配搭芝士或西班牙黑毛豬火腿的品酒團；想動態一些，可以參加電動單車團或 Segway 兩輪平衡車團；想刺激的朋友，酒莊還提供熱氣球導賞團，真是包羅萬有。我選擇了兩個半小時的漫步葡萄園導賞團，除了可以親身近距離感受 Penedès 的風土條件和有專人介紹葡萄種植過程之外，還有輕食午餐和品酒環節。

最深刻的是這支 Jean Leon Vinya La Scala Cabernet Sauvignon Gran Reserva 2011，此紅酒採用了 100% 的赤霞珠（Cabernet Sauvignon）葡萄，全人手採收自 La Scala 這塊田，全有機耕種，陳放在法國及美國橡木桶達 24 個月，再在瓶內陳放最少 3 年才推出市面。此酒在杯中散發出大量扎實而且複雜的黑加侖子、黑果、香料、多士和橡木等香氣，入口果味豐富，結實而密度高，單寧明顯但不澀，反而是為整支紅酒提供骨幹，陳年能力相信極佳，那種濃郁的 Cabernet Sauvignon 感覺，不得不令我讚嘆西班牙不只是 Tempranillo，連 Cabernet Sauvignon 也能釀得那麼出色。

在這瞬間我不禁想起下站要去法國波爾多，但又有哪支酒能與這支享譽全球的 Cabernet Sauvignon 相比呢？雖然我對法國紅酒有一份情意結，但為了對得起這支 Jean Leon Vinya La Scala Cabernet Sauvignon Gran Reserva 2011，我應該專心慢慢享受才是。

041

團結就是力量

Bifuel 2015 Italian Grape Ale

◇

眾所周知，意大利是一個傳統生產葡萄酒的國家，由一般餐酒的入門級，到有系統的分級 DOC、DOCG、IGT，至酒王 Barolo、酒后 Barbaresco 及具深度的 Amarone，到現代化的 Super Tuscan，各有特色，且歷史悠久達幾千年。但手工啤酒又如何呢？還記得 2016 年獲 Italian Trade Commission 的邀請到羅馬交流，有機會接觸到意大利手工啤酒界舉足輕重的人物，從他們口中得知，他們除對手工啤酒充滿熱情外，他們的理念也十分清晰，遠見也相當宏大，而且業界團結，並非常懂得市場推廣。

意大利生產手工啤酒只是近幾年才開始，沒有像葡萄酒產業般政府有大量資金支持，因為意大利政府視葡萄酒業為農業，享有較高的補貼，但視手工啤酒為工業，相對沒有明顯的支持。不過奇蹟是在這短短的幾年間，手工啤酒廠已接近 1000 間，成長速度相當驚人！引來全球注視，有很多更是葡萄酒業的經營者轉投生產手工啤酒。

意大利人很清楚知道比起比利時、德國、美國，他們的手工啤酒業十分幼嫩，要在國際舞台分一杯羹，他們需要的是獨特性，沒有像葡萄酒業得天獨厚的風土條件及土生葡萄品種如 Sangiovese，但他們聰明地把焦點放在啤酒風格上，致力研發一種屬於意大利本土的獨特風格，這種風格叫 Italian Grape Ale。

Italian Grape Ale 充分發揮了他們在葡萄酒業的優勢，採用了本土葡萄作為啤酒的原材料，別樹一格。因意大利葡萄品種眾多，意大利農業局認可釀酒葡萄就有 300 多種，故採用不同品種或不同風土條件的葡萄都能直接影響釀出來的啤酒風味，包括色澤、香氣、味道。有些品種更選用葡萄酒酵母，充分表現出意大利的風土條件及意大利人創新的思維。色澤可以多變，由金黃到深啡色，甚至粉紅或紅色，視乎採用什麼葡萄品種而定，而味道以果味為主，葡萄、青提、蜜桃、菠蘿可由青葡萄而來，如採用黑葡萄釀造，便會有黑加侖子、紅莓、黑莓、士多啤梨的味道，啤酒花與苦味相對較小。

行程的最後一天，來到一間具規模的本地啤酒廠 Birradamare 考察，他們在 2012 年成功申請農業牌照，正式種植自家的大麥及啤酒花，整條生產線也可受到監控。當日天氣很好，陽光充沛但不潮濕，我們在戶外嚐了 3 款啤酒，最令我深刻的是 2015 年的 Bifuel，是一支 Italian Grape Ale，用了 25% grape must（濃的葡萄汁），葡萄內的果糖與麥芽一同發酵。釀出來的酒有如白葡萄酒的清新花香、熱帶水果的香氣，色澤是閃亮通透的淡金黃色，氣泡不太多，有點像香檳，入口清新略甜，有點像蘋果酒（Cider）的感覺，但相對較乾身，收結乾爽暢快。

042

苦盡甘來

Stone FML Double IPA

◇

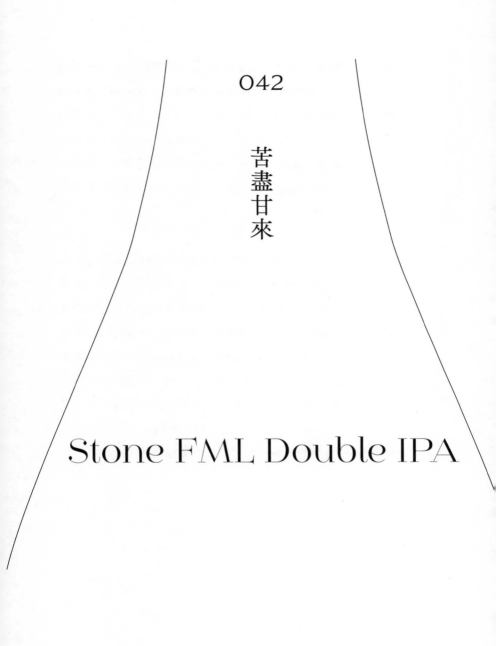

十分感謝我的父母，在我兒時供我到英國留學，雖然隻身到海外留學，日子孤單，但我學懂了獨立；沒有家人陪伴，但認識了一班好朋友，在英國沒有太多娛樂下也可以專心讀書，而且認識了「酒」這飲料。一般人達到合法喝酒年齡的時候多數都是和朋友一起喝，也有聽說是父親給他們喝，喝的多數是啤酒吧！相對便宜和容易採購，但我就不同，我是當時的老師給我喝的！

留學時期我所就讀的學校有個高中生的休息室，只可 18 歲以上的師生進入，而裏面就有間小酒吧，其實可以解讀成有酒售賣的小食部，而此小食部就是由幾位老師經營，而賣啤酒給我們喝的便是這些老師。要知道喝啤酒在英國是普通不過的一件事情，而老師在校內經營酒吧的理由說法就是與其我們到外面的酒吧流連，不如用一個便宜的價錢賣啤酒給我們，吸引我們留在校園。這個做法實在太好，雖然現在已經不記得第一杯喝的是什麼品牌的啤酒，但那種情境和氣氛現在也歷歷在目。

當年留學的日子有不開心的苦，但最後也能苦盡甘來完成學位，就如我昨天喝的 Stone FML Double IPA 一樣，香氣比較含蓄，沒有燦爛的果香，只有微弱的柑橘、西柚味，麥味較重，入口厚實，苦度剛猛，如黑巧克力的餘韻苦味十足，但後來的回甘就恆久悠長。未必每個人都喜歡這個類型的手工啤酒，但相信如果你能接受的話，你應該都是一位酒齡較長、有經歷的人。

043

傳統必須保留

咸亨雕皇青瓷10年陳

◇

最近出席了一場試酒會，主辦方除了安排了多款中國葡萄酒給我們品試之外，也別開生面預備了 3 款不同陳年的咸亨花雕給大家品嚐，分別有 10 年、20 年和 30 年的，每個年份的味道都各有不同，層次分明，最驚喜的是講師特別安排了一小碟醋叫我們同時間品嚐，因為花雕跟大閘蟹相當匹配，而吃大閘蟹往往會採用醋來相伴，用酸度來提鮮，而花雕的香甜可增加大閘蟹的層次。

這次的試酒會體驗很深，回家後忍不住拿出我存放已久的咸亨雕皇青瓷 10 年陳，約朋友即晚一同品嚐。花雕是中國黃酒的一種，而咸亨雕皇青瓷 10 年陳產自中國紹興，14% 酒精度，以糯米為主要材料，在杯中散發出如醬油、西梅、提子乾的馥郁芳香，入口香甜，酒味香醇，甜酸苦辣同時出現，但平衡度高，沒有多餘的雜質，餘韻如冬菇、荳蔻的風味相當悠長、溫柔幼滑。

花雕總給人一種老派的感覺，但其實只是大眾不了解，她也是發酵酒的一種，而且和日本清酒的釀造工藝大同小異，同樣可以放進暖水加熱來飲、室溫喝或冰鎮，只不過花雕沒有太多的市場推廣，而且包裝上很多時候會採用瓷器，就如古朝代的器皿，給人一種古老的感覺。

今日雖然科技進步，但我覺得很多東西都需要保育，傳統必須保留，沒有過去又怎有現在，前人的努力和智慧成就了現在的我們，酒是其中一種歷史最悠久的飲料，是我們人類的文化開端。

044

沒什麼可以自誇

賀蘭紅赤霞珠
2016

◇

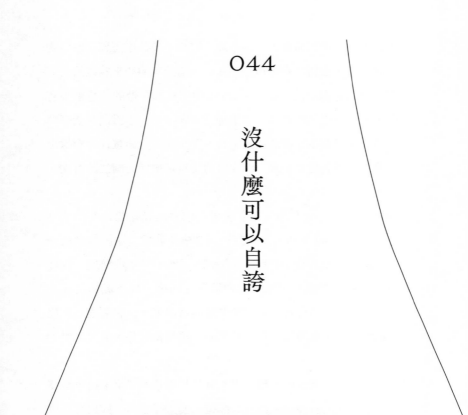

說到葡萄酒，大家很自然會想起舊世界的葡萄酒產地如法國、西班牙、意大利，新世界的有澳洲、智利或南非，但近年我就特別留意中國的葡萄酒，尤其是位於西北內陸地區的寧夏。寧夏擁有得天獨厚的風土條件，昔日的沙漠地區，日照時間長，氣候相當乾燥，日夜溫差大，在極端天氣下，昆蟲也難以生長，蟲害的機會十分低，土壤貧瘠，通氣透水性強，使葡萄樹的根部更需要鑽入泥土更深處尋找水源，從而能吸收深泥內更豐富的礦物。

還記得 2019 年夏天有機會獲邀到訪寧夏交流，參觀「賀蘭山東麓」產區的葡萄酒莊，當時真的被那廣闊的地理環境震懾了！地大物博，一望無際，而整個面積達 20 萬公頃的葡萄酒產區正正坐落於總長足足有 200 公里的賀蘭山的旁邊，這山成為天然屏障，能阻隔沙塵和寒流，使葡萄樹能安靜地成長。

賀蘭山東麓葡萄種植另一特點是「冬藏埋土，迎春展藤」。寧夏的冬天又冷又乾，氣溫可達攝氏零下 20 多度，所以農民會在冬天把葡萄藤埋在泥土內，避免凍傷，春天回暖的時候才從泥土內把這些「冬眠」了的葡萄藤拿出來繼續生長。

這支 100% 赤霞珠（Cabernet Sauvignon）的賀蘭紅 2016 正正發揮出賀蘭山東麓的風土條件，濃郁果香，如黑莓、櫻桃和黑加侖子，酒體強勁，酸度適中，單寧柔和，略帶辛香的餘韻，可搭配重口味的烤肉、串燒。喝著這款葡萄美酒，不得不佩服大自然的奧妙，人類沒什麼可以自誇，實在太渺小了。

045

喝酒也要「大膽假設，小心求證」？

越後櫻大吟釀

◇

每次無論是主辦或協辦葡萄酒晚宴又好，清酒或手工啤酒晚宴都好，我在挑選用哪款酒方面很多時候都會重新試一次酒款，選出最合適的酒款，畢竟品酒嚐菜（Food Pairing）這環節十分精細，一不留神配搭不宜會破壞整道菜，或者整支酒都會變得不好喝，影響賓客體驗的同時，又浪費掉廚師的心血，以及釀酒師想表達給飲家的心情。

所以今次清酒晚宴也不例外，要配搭一道味濃的煎虎蝦，我知道需要一瓶有「力水」但又不失優雅的清酒，出品以淡麗辛口見稱的新潟縣便是最佳選擇。對於有飲日本清酒經驗的人士而言，相信新潟縣這名字一點也不陌生，20 至 30 年早期首批引入香港的優質清酒如「上善如水」、「越路吹雪」、「北雪 YK-35」便是來自日本新潟縣。由於風土條件，氣溫較低的關係，在新潟縣釀出來的酒都以淡麗辛口的風格見稱，意思是酸度低、日本酒度高、較清爽不甜的清酒。而有添加酒精的大吟釀便更好，除了能更顯酒精力量感之外，香氣也會更集中。這就不會被煎虎蝦的濃味所蓋過，同時也能帶出虎蝦的鮮味。

正所謂大膽假設，小心求證，假設完便要開酒來求證。我挑了 2022 年新鮮出爐、香港品味潮人清酒大賞的最佳大吟釀。這支同時獲得用家組最高金賞（Grand Gold）和專家組銀賞（Silver）的越後櫻大吟釀，一開瓶便有集中的菠蘿、蜜瓜等熱帶水果香氣，入口幼滑柔順，清爽不膩，餘韻強而結實，十分悠長。

日本酒度是採用糖度測量工具，以數值來表示清酒的糖分的高低，依水中含糖量越高、比重越大的原理來衡量。當水的比重值為 0，糖分比重較高的會以負數值（–）來表達，反之，糖分較低會採用正數值（+）。一般日本酒度為 -10 以下，稱之為超甘口，+10 以上為超辛口。

046

多好的忠言也得看時機

京姬一酌一景大吟釀

這支一酌一景，一看其名就聯想到日語中的「一期一会（いちごいちえ）」。我對文字中的隻字片語都非常敏感，所以特別喜歡能幾個字就點題並帶著深情廣義的名字或成語。

那天帶著這支 2022 年香港品味潮人清酒大賞之最佳大吟釀得獎酒一酌一景與家人共敘天倫（因為得分相同的關係，所以這屆有兩支最佳大吟釀）。中國傳統三代同堂相聚還是吃中餐品酒嚐菜為好。這支酒很適合一家人一起聚餐吃喝聊天時喝，色澤清晰透明，散發出青瓜、青蘋果的香氣，採用京都的伏水釀造而成，能夠明顯感受到水質軟度柔滑，但又不失大吟釀的酒感，溫柔中帶剛強，餘韻米香的旨味和如巧克力的甘甜交集，是相當有質量的一款大吟釀。

當我們正陶醉在這雅興中時，怎知隔壁食客突然吵起來！在一分鐘前，我才跟家人笑說，看看人家多樂融融，難得婆媳倆能細聲講大聲笑，太好了！怎料到就因兒媳一句「我同你去睇醫生啦」而開火！

原來奶奶跟兒媳說了些生活瑣事，多次因「一時忘記」而發生一個個「小意外」，兒媳就帶著一點關切的語調跟奶奶說要帶她去看醫生。沒想到這句話就此觸動了奶奶的神經，她更立即說：「你就要去睇，我同你去啦！」兒媳雖被噴得一臉灰，但還是更低聲下氣地勸說：「咁我真係擔心你有病嘛，有病係要睇醫生㗎。」結果奶奶不禁破口大罵道：「你就真係有病！」然後就大數兒媳在做「初歸新抱」時，她這位長輩如何寬宏大量地原諒了她的種種「過錯」……

其實兒媳關心奶奶是眾人皆見，連我這個路人甲都看得出來，奶奶怎會不知呢？如不知道又怎會同兒媳這麼親近地閒聊。當看到兒媳因關心奶奶而被翻舊帳，你會替兒媳感到不值，覺得奶奶恃老賣老，應該不用管她了吧？可是，撫心自問，在歡樂氣氛下，突然聽到有親人對自己說「你有病係要睇醫生」，又真的會開心、樂意接受嗎？

我想起《哥林多前書》裏講到：「凡事都可行，但不都有益處；凡事都可行，但不都造就人。無論何人，不要求自己的益處，乃要求別人的益處。」雖說我們什麼話都可以講，但因為聽者有其想法和感受，我們需顧及這一點。旁觀者看到兒媳的無奈和一臉傷感，會覺得何故一心想著關懷長輩卻招來一輪傷人的言語。旁觀者清，這正是凡事都可行，但不都造就人，即不一定對人有益處。憑愛心說實話，多好的忠言也得看時機，包括場合、用詞、語調等等。

人與人溝通，真不能說一句我坦誠，就可任意地說話，如果說得「為了你好」，那麼就多付出一點設身處地的關顧吧。

047

家族榮耀

El Rincón de Nekeas Chardonnay 2019

◇

西班牙葡萄酒一向給我的感覺都是實而不華，出產勝價比高。這晚我挑選的 El Rincón de Nekeas Chardonnay 2019 白葡萄酒也不例外，位於納瓦拉（Navarra）的 Nekeas 酒莊 1989 年由 8 個已經傳承數代的釀酒家族一同合作成立，他們的共通點是以釀酒為榮耀，基於對風土條件的尊重，最終選擇了日照長、降雨量低的 Navarra 產區。酒莊在此產區的最北邊。他們世世代代以釀酒為生，對葡萄樹生長十分了解，在貧瘠的土壤上種出能釀出優質葡萄酒的葡萄。

這天晚上是到我一位我視她如家人、認識很久的朋友家中吃飯，她下廚我挑酒。雖然不是什麼特別日子或大時大節，只是一餐家常便飯，但我們相互珍惜大家的友誼，而且同樣對酒和食物講究，故每次一起吃飯都不會馬虎，Food Pairing（品酒嚐菜）是必然的。此酒是 Chardonnay，色澤呈閃亮的青黃，一開瓶便散發出如菠蘿和檸檬等熱帶水果的香氣，慢慢地微量但持久的雲尼拿香氣也飄了出來，使你很想馬上喝下一口。酒入口清涼，有種令你煥然一新的感覺，餘韻是以果香為主，由此到終都很平均。

我這位廚藝了得的朋友知我帶的是 Chardonnay，便炮製了一道麻辣雞煲，又麻又辣的味道不單沒有把白酒的味道蓋過，而且更提升了酒的甜味，酒的酸度也可以中和辣味及帶出雞的鮮味。酒使我們認識，交談時也因為微醺的關係使我們暢所欲言，一家人就是這樣。我以認識她為榮，她以認識我為耀。

048

好水釀好酒

京都北山六友
純米吟釀原酒

◇

對很多香港人來說相信日本京都一點也不陌生，京都也有很多清酒的酒造，還記得 2018 年在京都伏水酒藏小路一次過試了 17 款伏見的清酒，是一次深刻的清酒體驗，令我更了解被稱為「伏見水」所釀造出來的獨特柔軟幼滑口感。但原來有一個天然環境十分優美的酒造，位於京北，從京都市中心開車向西北方向大約一小時便到達，名叫羽田酒造，釀的酒十分好喝。京北被森林包圍，所以用來釀酒的伏流水相當清澈，而且水質有別於一般京都伏見區的軟水，這裏的伏流水是硬水（130ppm），礦物質比城市的水高，所以釀出來的清酒會有精緻的酸味。水的硬度是以美國水質測量 ppm 為單位。軟水低於 60ppm，稍硬水為 60-120ppm，硬水 120-180ppm，而大於 180ppm，則為超硬水。

京都北山六友純米吟釀原酒，榮獲 2022 年香港品味潮人清酒大賞用家組金賞和專家組銀賞，採用 100% 京都產五百万石米，精米步合 50%，酒精度達 17.5%，開瓶後散發出蘋果、熟梨的香氣，入口圓潤，多得漂亮的北山伏流水，酒體相當幼滑而酸度細緻，原酒的關係味道也相對複雜，口水分泌令我有種想馬上吃東西的感覺，如果現在有燒鰻魚或各類醬汁豐富的料理便完美了！

清酒有 80% 都是水，所以常言道「好水釀好酒」也有一定的道理，但今日科學昌明，逆滲透的淨水技術已廣泛被採用，而且水亦可以被調教，什麼泉水、雪山水，已經是一種市場推廣多於其真正酒質的分野。但當然有天然的，沒有被人為污染的水會好得多。

049

喜歡你是你……

尊重原始才叫懂得

Château Le Cléret
2015

去年新春期間開了一支標籤設計只印上「大展鴻圖」、莊主親筆簽名「黃家和」的非賣品佳釀——Château Le Cléret 2015！

品嚐這酒入口充滿驚喜，平衡度全方位發揮得恰到好處，味道馥郁，密度高，黑色果香和收結的香料感互相配合，使味道更複雜，帶出深度。2015 年不愧被稱為是一甲子中最好的年份！一禮盒兩支各自寫上「生意興隆」、「大展鴻圖」的祝願，喝完一支就不捨得開另一支了！

嘉禧酒莊（Château Le Cléret）建於 17 世紀，現為香港黃家和太平紳士擁有。這精品酒莊面積達 9 公頃，當中用超過 30 年樹齡的葡萄樹，可以調製出多種豐盈醇厚的葡萄酒，但產量少。

說到人稱「和哥」的莊主，他可說是一位崇尚天然又滿滿藝術家性子的商家，就連買這酒莊時也只因看中了一間原始風的樹屋，喜歡身處屋上觀賞目下的風光就囑公司跟進洽購細節了。業務繁忙的他享受一個人在酒莊的自由，感受大自然的生生不息。莊園還養了兩匹認得他這位主人的愛駒，分別是很高傲的 Stella 和很友善的 Charlie。有次打趣問 Stella 的高傲是否會懂得給主人差別待遇時，他竟笑言：「對任何人都高傲，包括我！」真貫徹了他崇尚自然的個性，怪不得他愛法國酒吧！大部分法國酒不愛用人為添補方法去改變生產或釀酒過程，傳統是仰賴天氣風土條件就位！和哥與酒莊的點滴讓我思考到若把欣賞付諸行動，那就是懂他、她、牠、它，並容讓之！

話轉回來，之所以能夠一嚐這支非賣品，事緣農曆新年前與協作餐館推出盆菜配手工啤酒套餐，就想送給這位有品味的朋友分享聊表心意，怎料他客氣回禮，起初覺得受了豈不又謝不成，就嘗試婉拒。但當收到這份非賣品禮物及至品嚐後就體驗到自幼家教的禮尚往來真好。哈！念念不忘，必有迴響。

其實人際之間就是這樣才會讓人體會到待人以真心，人情勝萬金的可貴。

050

物以類聚，人以群分

Fratelli Veglio Vigna Carpegna Barolo 1971

喝老酒分分鐘要等好幾個鐘，對時間就是金錢、事事講求效率的人來說太費時了。但換個角度想，一支 51 年的老酒等了你幾十年，你只花幾個小時就可隨它時光倒流到重拾它當年的美好時光，鍛鍊一下耐心去等也是值得的。

當晚原本約了在半島酒店地庫經營葡萄酒商店的朋友 Keith 品嚐美酒，怎知碰上他幾位客人朋友早我們幾步到訪他，這幾位客人似乎是良朋共聚由吃完午飯就換個場地一起來品酒。我和拍檔 Tomy 到達後，Keith 就向他的朋友作出介紹，接著便讓我們和他們一起品嚐美酒。酒真的很易把人的距離拉近。

這支距今已經有 51 年的老酒，由下午 1 點開瓶至晚上 7 點多才正式開放出來。酒的色澤是相當啞色的磚紅，香氣是含蓄的紅莓乾、西梅乾及土壤氣息，但相當集中，入口幼滑如絲綢，結構細緻優雅，中等酒體，果香同樣是比較含蓄但豐富，餘韻溫柔有點木桶及香料味。生動點說，品嚐此酒就像一位有經歷的老人家對你說故事，說話比較慢而有點「長氣」，但只要你有耐性，你會得著箇中的智慧。

我想給她拍照時，旁邊的兩位太太主動讓開給我取得好角度，又請我不要見怪她們有些酒意的先生。面對那麼有禮的她們，我只回應說三兩好友一起把酒言歡，開懷談天，正是酒帶給人的好處所在。

酒本不壞人，只在人品！喝酒有酒品，好品嚐而不醉酒更不鬧事；打牌有牌品；打球有球品⋯⋯說到底就是人要有格局。人以群分，能有這般耐心去品嚐老酒的人，都會較有品吧。我也相信吸引力法則，怎麼樣性子的老闆，會與相近性子的客人成為朋友。

051

欣賞、尊重自己成長地方的歷史文化

Georgian Valleys 2010 Khvanchkara

格魯吉亞釀酒歷史 8000 多年，傳統相傳的陶缸（Qvevri）釀酒技術是指以一種橢圓像雞蛋形狀、上闊下窄平底的陶土容器製造、熟化及貯存葡萄酒，堪稱是釀酒文化歷史的搖籃，2013 年更列入聯合國教科文組織（UNESCO）保護文化遺產名錄，成為無形文化遺產。因為這 Qvevri 技藝，原始風味是格魯吉亞酒的一大特色。

這支 Georgian Valleys 2010 Khvanchkara 紅葡萄酒採用了 70% 原產自格魯吉亞西北部的拉恰－列其呼米（Racha-Lechkhumi）地區，被認為是格魯吉亞最古老和優秀的黑葡萄品種之一的 Aleksandrouli，這葡萄一般會釀造出半甜紅葡萄酒來。另外 30% 的 Mujuretuli 也是格魯吉亞黑葡萄品種，深色皮膚，是中期成熟類的葡萄，多摻合別的葡萄製成一款葡萄酒，例如大部分都用來摻合 Aleksandrouli 釀造半甜的 Khvanchkara 葡萄酒。此酒是深沉偏橙的紅色，帶有濃郁的水果香氣，夾雜著一絲的甘草和香葉的迷人味道，微偏甜，是猶如櫻桃的果甜，但有一定的酸度襯托，陳年後還能保留那少女活潑的個性。

最古老、最傳統的格魯吉亞 Qvevri 釀酒是除了葡萄汁，還把葡萄皮、種子和莖梗一併放入陶缸中，埋在地下浸泡數月讓它發酵。而以石灰含量高的泥灰石燒製的陶缸較好。我很欣賞格魯吉亞人對 Qvevri 釀酒技術的傳承，不只是因為它是經歷千年世代家族、鄰舍相承的傳統文化，當中別具意義的更是在於單純的欣賞、尊重，對自己成長地方的歷史文化有認同感，樂於參與其中，人人用心去守護、傳承、珍惜，讓後世可以開開心心共享大家的成品，感受舒暢地共嚐美酒的歡樂。

時常力求創意突破框框向前衝的我，此刻撫心自問自己傳承了上一代甚麼傳統文化，守護並薪火相傳的呢？腦海中只想到爸爸身教的書法和裝字心得。小時候眼見他天天忙忙碌碌，但仍有時為了寫好一個中文字，一練就是幾張紙、一兩百個字！隨時隨地當見到寫得漂亮而令他欣賞的字時，就是沒有筆都會用手指練習。雖他沒有刻意要我向他學習，偏偏就讓我好奇，並因想體會箇中樂趣於是去模仿他，到現在就知道能寫一手好字多有用，設計產品標籤時連名稱都可親自操刀。可是除了裝字技巧之外，就想不出其他來，只能羨慕格魯吉亞人了。

但思前想後，是身處香港沒甚麼傳統文化可傳承，抑或人的心態總是「隔籬飯香」！記得曾經因看到不少雲南香格里拉美不勝收的風景照片後就起行遊雲南，可是整個行程像在一天一天磨滅自己的興奮期盼，越過山群高原，也穿過熙來攘往的巷弄，最後還聲聲在說失望、說她名過其實！誰知離開時在飛機上驀然回首，俯瞰著一片片薄輕如棉的雲在繞抱高聳山峰，又或寫意地在連綿山脈間浮游，還有我最愛的廣闊無邊大海都盡收眼底，直呼這就是我心中的「香格里拉」！

頓時悟透，自己明明是慕名而來，卻只顧著去尋覓心中預設的美好風光或期待得著些什麼，一直都忽略沿路的原貌景致，並沒有尊重或用心發掘原來的她！

一念間心態轉化，自省後覺得除了要懂得欣賞別處的好，也要多加欣賞自己出生成長的地方並作出貢獻。

052

別讓過去偷走將來，
專注前方目標

有磯曙純米吟釀獅子の舞

這支酒是喝時小心護著標籤、瓶子，過後就把空瓶子保存在客廳大櫃裏作留念的禮物。

獅子の舞採用100%日本富山縣產的五百万石，精米步合50%，明顯散發果香花香的吟釀芳香，清新潔淨，沒有多餘的雜質。由於酒精濃度達16%，酒體感覺活躍剛猛，喝多幾杯後，那標籤上的舞動獅子彷彿在腦海中活現了，難怪取名如此！但一瞬間又受到漂亮的酸度中和，不難入口，所以就不覺一口氣喝了幾小杯。它非常適合味道較濃的料理，濃油赤醬的上海菜最匹配，而記得當天就特別煮了秘製豉油雞翼，這個是傳承媽媽秘方的料理，百吃不厭。獅子の舞配了這味道濃郁但清甜皮薄脆的「阿蘇雞翼」，感覺上兩者既能在濃度上在同一水平，阿蘇雞翼中和了獅子の舞的剛猛的同時，一點酒精感也有助解掉肉的油膩感，酒精感餘韻更能與薄脆雞翼皮那口感相較勁！

有時吃喝事兒就是這樣的，單吃單喝雖各自精彩，但就單一了。品酒嚐菜就多了估計不到的可能性，是可相容還是可相抵？抑或昇華成另一種層次？想到什麼樣的配搭，以至能做得到，過程中就已經歷了迎接挑戰，然後享受發掘美食的趣味，以及發現配搭得宜時那刻的成功感，最後是慢慢分享成果的喜悅。單吃或單喝，或玩品酒嚐菜配搭悉隨尊便，能夠把一件速食的事美化成生活情趣的體驗，多減壓呢。

說到夥伴，這支獅子の舞也是我的拍檔 Tomy 在送那支阿蘇万歲純米酒時一併送上的。他在日本旅途上一直揹著兩支酒回來，就算情義不重，物都不輕呢！獅子の舞這個名稱，讓我聯想到我在「熊貓蜜語」中創作的心靈酵母大獅啤啤的角色。我取「大獅」諧音代表 Tomy 大師的身份，「啤啤」就意指他對啤酒界別的投入和貢獻。其實獅子也很像他的急性子，要駕馭他的急不致燥也花了不少工夫在此，始終一個協作關係或一間機構的成敗，其中關鍵是需要有效避免內部消磨。所以用開放、願意發掘的心態去包容後，會轉化成欣賞，明白這也正是他的強處，只要他一確定目標，就真的「只有一件事，就是忘記背後，努力面前的，向著標竿直跑」，使命必達。每個項目都必須有這樣的夥伴。

「忘記」是不以往日的成就得失為念，也不會被沿途上的好風光所吸引，好讓專注向著前方的目標直奔！別讓過去偷走將來！不要成為驕傲的兔子打瞌睡，只管仿效謙虛的小龜，努力不懈，才會笑到最後獲得獎賞。

053

老酒慢慢醒來，像告訴我們「她」仍老當益壯

Château de Haute-Serre 1981

到底為何要陳存舊酒幾十年甚至上百年？而飲舊酒又是為了甚麼？今天到九龍半島酒店地庫探訪經營葡萄酒商店的朋友，順道拿了附近餐廳的龍蝦伊麵套餐，作為下酒菜，讓老酒慢慢醒來並釋放自己，告訴我們其當年形態至今仍能老當益壯，還是已不及當年勇了。

這支 Château de Haute-Serre 1981 來自法國西南部的卡奧爾（Cahors）產區，中世紀開始此區已經採用皮薄色黑葡萄 Malbec 作為主要的釀酒葡萄，所以一般釀出來的紅酒有「Black Wine」的美譽，而陳年後的酒色出奇地還是相當深紅，只是杯邊的酒液有舊酒的橙紅色。香氣方面也不覺太老化，首先是如醬油的香氣和一點點的橡木氣息，醒酒半小時後，深色水果香氣開始散發出來，和橡木氣息互相呼應，十分迷人，入口幼滑，單寧已經相當柔順，餘韻帶有香料和胡椒的微量辛辣感。Château de Haute-Serre 本身不是一支名莊高價酒，但經過歲月的洗禮，使此酒感覺更有價值，更有意思。

說回聚餐，酒過三巡後，我們漸次靜下來享受無聲勝有聲的一刻，然後朋友用他的膽機播放些老歌，此情此境讓我思想放空到已不知他所播的是哪首歌，只覺得飄進耳的是「是誰在敲打我窗，是誰在撩動琴弦……」，一時感覺自己就像電影《無間道》中坐在沙發背向鏡頭的主角在聽這首歌，聽到「那一段被遺忘的時光」時又想起《時光倒流七十年》中女主角在男主角回到他的世界後，女主角所處的光景又是否會是那一段被遺忘的時光？原來喝老酒加上這個氛圍就不禁酒不醉人自醉了！

這位朋友是頗有個性的人，多次活動中見他若遇上談得來的人，都能聊得興致勃勃，沒有也不強求，寧願靜靜地一個人自斟自酌，享受品嚐美酒樂趣之餘，又似在靜觀勤於交際應酬那一群人的熱鬧。與其他同行相比，他似乎不太刻意跟別人打好交道，相對有點酷，但就一定樂意跟你聊酒！不過，怎樣都好，有好酒今晚嚐，一期一會，好好享受當下！

054

細味當年情——回味的不在口吃下的，而是口說出來的

賀蘭紅香港限量版赤霞珠乾紅葡萄酒 2016

○

今天朋友 Patrick 給我和拍檔帶來一支來自寧夏賀蘭山東麓葡萄酒產區賀蘭紅（香港限量版）赤霞珠乾紅葡萄酒 2016，採用了 85% Cabernet Sauvignon 和 15% Merlot。當地法規規定只要添加的輔助葡萄品種不超過 15%，也可以在正標上只表示主要的葡萄品種。

賀蘭紅是一個國家持有的品牌，分別授權了 4 間寧夏的酒莊生產，現在只有兩間正在經營；每間的配方都有所不同，但都是以 Cabernet Sauvignon 為主。而此酒是香港酒類行業協會兩位朋友包括 Patrick 專為香港而生產的香港限量版，只有 3000 枝。這款加了 15% Merlot 的香港限量版相較於 100% Cabernet Sauvignon 的不會一口喝下去只有剛勁感，前者多了些剛中帶柔的平衡度，難怪 Patrick 說這就是他們想要的口感，既然稱為香港限量版就要特別做來迎合香港人的口味。

這款酒色澤深紅，活像一塊紅寶石，散發出複雜的深色水果、橡木、香料和幽幽的花香，入口就是典型的 Cabernet Sauvignon 酒味道，如絲般幼滑，酸度漂亮，相當優雅，收結感受到活潑乾身的單寧，好像告訴你「我還有很多內涵等著你來發掘」。果然醒酒 35 分鐘後，酒體變得厚實，果味更加豐富，密度增強，力量也出來了，是一支好酒。因醒酒前後有所不同，讓我非常期待，所以我每隔 30 分鐘都倒些出來試試其不同時段的味道。不知是否邊喝邊沉醉在 Patrick 娓娓道來當年到內地做展覽會時的辛酸，雖然忙得不可開交，但因為與一群香港人相互照應，也算是度過了一段充實愉快的時光。我這個旁觀者看到他笑談回憶經歷時，不禁聽得十分投入，與他一起笑，不知是否因此而覺得酒更好喝了。而隨著時間過去，藏在深處的豐富層次漸漸發揮出來了，味道越發獨特，我和 Patrick 也聊得越發高興。因為多虧了這支酒，我們留住了彼此。

這幾年協會活動中，Patrick 都以協會代表之一的身份去招呼會友或新朋友，我們見面總會說都那麼熟悉了就不用互相招呼啦。回想起來這跟寒暄有何分別呢 ！比起會場上的應酬話，這天輕鬆、單純地閒聊，才是最開心的。驀然回首，如果會員間有時可以這樣喝酒閒聊，忙碌中給大家一點人情味也不錯，協會都有它存在意義。

親友共聚、拍照、吃喝談天，10 年後重看照片話當年，回味的不在口吃下的，而是口說出的分享。你我他這些千禧年前的一群走到大家都變了七老八十後，再細說從前的點點滴滴，多珍貴啊！如說飲舊酒是出於一份好奇心，那麼品當年酒是為了再細味當年情吧。

第三章

CHAPTER THREE

品鑑

人與酒很相似，酒會隨著時間而老去，但有些酒會風韻猶存，有些酒則不再閃亮，人也是一樣。

055

食雞有雞味

Château Mouton Rothschild 2014

◇

提到 Château Mouton Rothschild，大家除關心酒的質素之外，酒標設計也是不少飲家、收藏家，甚至是投資者關心的一環。Château Mouton Rothschild 由 1945 年開始每年和不同的藝術家合作設計酒標，而我手上這支 2014 年的別具意思，由英國設計師 David Hockney 設計，是當年第五位英國人跟 Château Mouton Rothschild 設計酒標。David Hockney 是當時的酒莊莊主 Baroness Philippine de Rothschild 的好朋友，他為紀念在 2014 年去世的 Baroness 對 Château Mouton Rothschild 的貢獻而畫，畫中有兩隻葡萄酒杯，一隻盛載了紅酒，另一隻則沒有，酒莊表示這象徵「如奇蹟般偉大的葡萄酒正不斷出現」。

Château Mouton Rothschild 一向品質相當穩定，對比於 2009、2010、2013 和 2015，2014 並不是偉大年份，但喝過後你一定會認同這是一支強大的葡萄酒。我喝的時候在 2021 年 9 月，色澤呈深黑紫色，香氣非常強勁，散發出深色水果如黑加侖子、西梅、巧克力和松木般的複雜香氣，非常濃郁的漿果和礦物質風味，入口幼滑優雅，但不失厚實而且密度高，我最喜歡其帶有香料和甘甜單寧的悠長餘韻。

好的年份釀出偉大的葡萄酒並不難，成功有實力的酒莊更是在不優良的氣候環境下也能釀出好酒，因為這樣的環境才能表現出釀酒團隊的功力，就如我釀造手工啤酒，加了荔枝有荔枝味有何困難，就是沒有加也有才是高手！食雞有雞味是正常的。

056

酒在回憶中找你

Auchentoshan Single Malt Scotch Whisky 21 Years

◇

今天很難得會長時間在居家的空檔，動手收拾書櫃，看到很多年少時候的回憶，有多年前的公司單據，有關於不同範疇的參考書，還有一大堆自己寫的品酒筆記，看著看著一幕幕遺忘了的記憶如潮水般湧來，感嘆因為每天的營營役役很多東西都忘卻了，原來當時我做過這些又做過那些，不禁閉上雙眼繼續回想回味。

最令我會心微笑的是一些和朋友們的舊照片，過往跟這班朋友一起很開心，除吃喝玩樂之外，也互相學習，互相扶持，加上年輕時的青春任性，使我感覺到有昨日的經歷才能成就今天的我。在這種時候，突然很想喝一杯酒來深化這種感覺。我開了一支來自蘇格蘭低地（Lowlands）的 Auchentoshan Single Malt Scotch Whisky 21 Years，蘇格蘭威士忌能夠世界知名，除了歷史悠久，味道出眾之外，風味獨特也是其重要的因素。

蘇格蘭威士忌主要分為 5 個區域，包括擁有最多酒廠的斯貝塞（Speyside）、最少酒廠（只有 3 間）的坎貝爾城（Campbeltown）、以泥煤風味見稱的艾雷島（Islay）、面積最大及風格最多元化的高地（Highlands）和今天我所喝的、能造出口味相對較溫柔的低地（Lowlands）。回想起 2019 年我和朋友在蘇格蘭時，得到一位我們都很欣賞的威士忌導師 Ms Leigh McGrotty 帶我們往參觀位於格拉斯哥的 Auchentoshan 蒸餾酒廠，她待人很親切友善，愛笑的她對威士忌的知識十分廣博，有她導賞下獲益良多，實在是小確幸。當時在導賞團的品飲環節中也嚐過此支 21 年，但現在一邊看著舊照片，一邊回味昔日的畫面，感覺味道又不同了！此酒經過 3 次蒸餾，在美國波本桶和西班牙雪莉桶內陳年，除散發出迷人的成熟漿果香氣，還夾雜著雲尼拿和橡木氣色，入口幼滑，味道複雜，帶有如蜜糖的甜味，也有淡巧克力的苦度，餘韻細緻優雅。

同一款酒，加上回憶就充滿了弦外之音！

057

欲速則不達

Roccheviberti Barolo Vigneti Rocche 2003

意大利葡萄酒一向都是我的至愛之一，喜歡其配餐的能力，高酸度的紅酒適合配合很多不同的料理，而且多樣性的葡萄品種也非常吸引我這個好奇心重、熱愛嘗試的人。著名葡萄品種包括有酸度高的 Sangiovese、果香豐富的 Barbera、能釀出複雜味道的 Montepulciano，更加不得不提有出色陳年能力的 Nebbiolo。

今天和幾位朋友在私人會所內一同酒聚，淡天說地，提到關於我釀手工啤的點滴，我告訴他們有很多事情都急不來，釀一款啤酒一般大約要 3 至 4 個星期，酵母發酵、陳放等等工序刪減不得，而葡萄酒更是一年一造，所以要由種植葡萄開始做起，做好，不然沒有好的收成的話，一年的心血便會白費。

我們正在喝的這支 Barolo 也是一樣，100% Nebbiolo，一開的時候平平無奇，待了一個小時也沒有太大的進步。當大家感覺失望，開始懷疑酒不濟的時候，我建議用醒酒器（Decanter），因為我喝得出這款酒的潛力，現在還是處於封閉、「熟睡」的狀態。果然，當開始倒進 decanter 不久，此酒被「弄醒」了！如果只是看酒的顏色你會有點擔心，老態的紅磚色，以為是一支老紅酒，怕已經過了其精彩的時刻，但香氣馬上告訴你「她」還年輕，鮮明的紅莓香氣，一絲絲木桶的感覺，入口幼滑，密度超高，果香豐富，酸度非常漂亮，平衡度高，最喜歡那帶有如黑巧克力的餘韻，長而結實的單寧像告訴你 10 年後我會更精壯。Bravo！

所以酒很特別，有時候也能為我們帶來不少啟發，現代人做每件事都要快，什麼「贏在起跑線」、「唔使急最緊要快」，都在告訴我們，慢就會輸。但酒告訴我們，不是快就一定好，欲速則不達，其實知己知彼，知自己想要甚麼，也對所要的有認識，並耐心等候才是最重要的。

058

美酒傳承，生生不息

Torres Mas La Plana 2013

◇

如果西班牙最具代表性的商業啤酒是 Estrella Damm，那葡萄酒一定是 Familia Torres。還記得 2016 年獲邀到西班牙擔任 Barcelona Beer Challenge 的評委，順道參加當地的一個葡萄酒莊旅行團。旅行團行程相當緊密，一天內參觀 3 個酒莊，其中一個便是 Familia Torres。當我們乘坐的旅遊巴士開始進入酒莊範圍時，我被那種驚艷的全球性規模嚇一跳！主題公園的面積，巨大的建築物，真的不敢相信這還是一個正在維持家族經營的酒莊。

1870 年 Familia Torres 開始釀酒，至今已經由第五代的後人接棒，他們傳承的除了品牌、設備、釀酒技術等硬實力，還有理念——對尊重環境、愛護大地的堅持和信念，使優質的土壤能傳承下去。而酒款方面最具殿堂級級數的一定是我當天在酒莊內品嚐的 Mas La Plana，採用 100% Cabernet Sauvignon，1970 年才釀出第一支，便在 1979 年的 Paris Wine Olympics 戰勝全世界的頂級 Cabernet Sauvignon 葡萄酒獲得冠軍！我當天試的是 2013 年，這款傳奇葡萄酒真的超卓，充滿黑加侖子、果醬、黑加侖子，以及一點點的橡木香氣，入口如絲般幼滑，單寧柔順。當年我喝的時候是 2016 年，感覺到這款酒酒體飽滿，可在其年輕時飲用，也有很強的陳年能力，餘韻悠長及帶有巧克力、咖啡的甘苦平衡，頂級！

Familia Torres 對我現在釀手工啤酒的理念有很大影響，要把品牌或產品延續下去已經不容易，但還是可以在能力範圍內做到，若希望將信念傳承下去，要一代一代人的教育、相信、堅持，我希望我的香港釀造也有這種精神，日後也能做到。

059

喝酒的香港人真幸福

Ayinger Celebrator Doppelbock

◇

喜歡喝酒的香港人真的很幸福，可以在這國際大都會中喝到來自全世界不同地方的酒款，而且酒的種類也越來越多元化，很多人流多、人氣高的餐廳，不論是中西餐、日料、東南亞美食都會提供本地手工啤酒，支持本土；葡萄酒專賣店已經不只局限於賣葡萄酒，你會看到清酒、威士忌等各類的烈酒，甚至手工啤酒。餐廳飯館也是如此，很多西餐廳，尤其是酒店級數的，會有清酒在他們的酒單內；中菜或火鍋店也會提供手工啤酒和葡萄酒、清酒。

今天去了一位由好朋友經營的葡萄酒專賣店，第一支喝的便是 Ayinger Celebrator Doppelbock，我特別鍾情 Doppelbock 此德國啤酒風格，要了解 Doppelbock，首先要由 Bock 這種啤酒風格開始說起。Bock 有很多種，Bock 的家族成員有 Helles Bock、Weizenbock、Eisbock，當然還有 Doppelbock。Bock 起源於德國的北部城市 Einbeck，Einbeck 是當時大約 14 至 17 世紀著名「漢薩同盟」（Hanseatic League）的主要釀酒及對外貿易的城市之一，啤酒出口至歐洲多國，如英國、丹麥、挪威、俄國等，風靡一時！至於 Bock 這個名稱是當時釀造此啤酒的技術在 17 世紀由北邊傳到了慕尼克（Munich）才廣泛被使用。當大家以為 Lager 一定是清爽、易入口、大口大口地喝才暢快就大錯特錯了，Doppelbock 是一種剛勁、豐郁、重麥芽味的 Lager，色澤可以由金黃至深黑啡色，視乎麥芽組合而定，但常見的多數是深色的版本，豐富麥芽香味和芬芳烘麵包味是其特點，而且只有淺色的版本會帶有一點點的啤酒花味，深色的版本大多感受不到，相當清甜。當時的巴伐利亞人稱 Doppelbock 為「液態麵包」（Liquid Bread），因豐富的口感足可像麵包一樣充當糧食。酒體厚身之餘入口相當幼滑，有時候有些品牌更帶有巧克力等香氣和味道。酒精度較一般啤酒高，介乎 7 至 10%。而 Ayinger Celebrator Doppelbock 簡直是教科書級數，除了之前提及的味道，還帶有咖啡的味道，尤其是到了餘韻的後段更為明顯。

喝到這裏，突然很想吃一些「濃汁水」的料理，因為 Bock 的特性是麥芽香味豐富，帶點烘麵包的味道，而且相當清甜，又有 Lager 清爽的感覺，適合配搭燉肉，或「濃油赤醬、重糖艷色」的上海菜，例如紅燒肉、糖醋魚等等，又或者試試牧羊人派（Shepherd Pie）、農家餡餅（Cottage Pie）等濃汁的料理。

060

順其自然

茅台鎮窖藏原漿酒

今天在一場酒聚有朋友帶了支茅台鎮窖藏原漿酒來，很多同桌的朋友一看到便說害怕，不敢喝。事實上在香港能喝到中國白酒的機會實在不多，很多人都覺得中國白酒太烈了，或者會說好的中國白酒很貴，又或是直截了當地說不懂喝白酒，我覺得全是因為他們不了解中國白酒，也沒有太多機會嘗試。每次到了這個時候我便會開始告訴我的朋友 2014 年的經歷。

2014 年，我還是主力做葡萄酒貿易生意的時候，經常要香港內地兩邊走，有一次，我和團隊到中國內地貴陽市參展，而剛好有一個晚上我和幾位來自香港的同行獲邀出席一個茅台白酒品鑑會。其實茅台酒是一種醬香型大麯白酒，也是蒸餾酒的一種，原產地是貴州茅台鎮。據說茅台鎮有過千間酒廠，但在國家食品藥品監督管理總局的網站顯示，截止 2019 年 10 月 15 日，能夠合法生產白酒的廠房，不超過 426 家。但一間廠房並不會只生產一款酒，而多數會是一系列，甚至多系列的茅台酒，所以款式之多，的確會使人眼花繚亂，摸不著頭腦。

當晚一共有 8 款茅台酒品試，主持人一邊詳細講解茅台酒的歷史，一邊指導我們如何品嚐，最深刻的是她說了一句「飲後溫存而不宿醉」，即喝到好的茅台會感覺到暖意，但喝多了也不會頭痛。我對過分添加的酒相當敏感，別人喝了可能沒有感覺，又或者第二天醒來才覺頭痛，但我基本上喝一口便會馬上感覺得到，立即頭痛，但當晚喝的 8 款茅台完全沒有那種感覺。主持人還教我們倒一點酒在手背，當酒液揮發掉後而不黏手，代表沒有添加物，酒質自然。

說回今天的酒聚，當朋友們聽完我這貴陽的經歷後，都爭相欲試。這支茅台鎮窖藏原漿酒 52 度酒精，味道方面都算是醬香型的典型。醬香型之所以叫醬香型是因為有一種如豆類發酵時的醬香味。除醬香外，此酒口感豐富飽滿，溫柔而且細緻，喝完了杯內殘留的香氣依然持久，自然順喉，我就是喜歡其順其自然的感覺！

061

要走的沒法可惜，
來到的倍加珍惜！

達磨正宗海中熟成梅酒

即將搬離這裏，要向這個讓我安然度過了這幾年不尋常日子的家道別。曾在這裏自我測試而體驗到最多試過 21 天足不出戶的日子，發覺原來有露台的家更適合我。至今全世界都在期待漸漸走向回復正常至復興的步伐中，就讓我也轉轉新環境迎接未來吧。

常被好友揶揄有「選擇困難症」的我，搬家時真的需要與他們並肩作戰，幫我執行「斷捨離」。想起 3 年多前搬來時，我差點丟掉了一件寶物，那是一包用些日文報紙包裹著的深海熟成梅酒！記得當年有位清酒專家說，如你收到用報紙包著的清酒是來自一位藏主的，你走運了，那通常是藏主的珍藏。這包東西也不例外，是達磨正宗代表社員白木滋里（Shigeri Shiraki）女士於 2019 年，因她們的達磨正宗 10 年古酒在我的香港品味潮人清酒大賞清酒比賽中勇奪了全場總冠軍，她跟日本代理商楊嘯先生專程飛來香港領獎，並興奮地拿出這支梅酒作伴手禮。如問到白木女士給我的印象，我會用「女中豪傑」四個字形容她，與她交流時你會感覺到她的豪爽友善，她拿獎時興奮之情全都洋溢在臉上。

說回此酒，當時我和朋友收拾屋子累得汗流浹背，提議開瓶舉杯享用她。梅酒倒出來後，酒杯中散發出大量「完熟梅」的香氣，入口幼滑如絲綢，甜度經熟成後而有所減少，但酸度還是很結實。可能是經長期搖晃的關係，梅酒的酒體特別和諧幼滑，可惜沒有試過熟成之前的味道，無法作精闢的比較。

釀造熟成古酒已經去到極致的達磨正宗，數年前因一顆好奇心展開了一個項目，把有限量的清酒及梅酒放進深海內熟成約 7 個月的時間，探究酒沒有光線產生氧化作用而只有在漆黑的深海中被溫柔的海浪拍打下熟成，跟酒藏內的有何分別。

第六代傳人白木善次（Yoshiji Shiraki）參與了深海（在海底約 20 米處沉下半年）熟成酒項目至今已經 8 年。白木先生、白木女士推論，如果「搖晃」震動讓清酒更醇厚，那麼在其他地方是否可給它好好地搖晃呢？之後就找上離倉庫近的長川鐵路公司，他們可以載清酒在搖晃較多的柴油火車上半年（與海中成熟相同的天數），然後看看所產生的效果。現時他們已把春天釀造的純米酒，為古酒作準備，分別在深海和火車熟成，前者可避免颱風季節，又可讓酒在平靜的海洋搖籃中搖曳震動；後者也許是世上首次有此嘗試，把酒載到長川鐵路的柴油車，帶著酒旅行 8000 公里。他們透過探究經過「搖晃」作用的兩種類型，與那些在倉庫裏靜止地熟成的清酒作品評區別，比較哪種熟成是最醇厚的。

發自一點好奇心，然後大膽假設，再積極細心求證，為基業繼往開來！

062

但願老死花酒間

Straffe Hendrik Quadrupel

◇

昨天是忙碌的一天，不僅與本地和內地銷售團隊進行接二連三的馬拉松式會議，還要中途見客討論產品上架的事宜，整個腦袋都充斥著業績、批發價和零售價格，非常疲累。

下班回家匆匆地吃過晚飯後，決定開一支好的啤酒「慢慢嘆」輕鬆一下，一個人慢飲之餘還要有清爽感，開支酒精度高的是最好不過，結果我選了來自比利時的 Straffe Hendrik Quadrupel，酒精度高達 11%，還要是 750mL 的大瓶裝，很滿足。常見的啤酒多是 330mL，而比利時啤酒除此之外還有 750mL、1.5L，甚至 3L，後兩者等同於葡萄酒的 magnum size 及 double magnum。這些容量相對大的酒瓶用的瓶蓋正正就是那些香檳塞及鐵線，因為要這樣才能阻擋得住那些強勁的氣壓。

說回 Quadrupel，一開瓶散發出來的香氣帶焦糖、提子乾、巧克力、烘多士，口感幼滑，十分易入口，但又不失複雜。超濃的烘咖啡和黑巧克力味道，強勁酒體，濃烈澎湃但又不失平衡，佩服！就算是 11% 的酒精度，也在不知不覺間很快喝完，相當滿足，身心疲累的感覺一掃而空。在微醺的狀況下讓我想起唐伯虎詩中的名句「但願老死花酒間，不願鞠躬車馬前」，人要知足常樂，古代文人早已明白不用求富貴，只要能過著自己喜歡的生活便是快樂。

063

學會分享才會得到更多

Tre Fontane Tripel

2017 年 4 月，連續第二年獲邀出訪到意大利羅馬作啤酒文化交流，同行的不僅有我這位唯一的香港人，還有來自中國內地、瑞典、丹麥、美國、日本等地的啤酒業人士，認識了很多新朋友。當年由於行程被安排得密密麻麻，所以很遺憾沒有機會和同團的、來自上海的一位啤酒進口商一同到意大利唯一的修道院啤酒廠 Abbazia Delle Tre Fontane 參觀。

現今全球共有 11 間修道院啤酒廠，除了 6 間來自比利時，兩間來自荷蘭之外，其餘 3 間分別在奧地利、美國和意大利。其實只要在某些規範上達到標準，再向國際修道院啤酒協會申請，便有機會成為此會的聯盟，成為聯盟後便可自稱釀造出來的啤酒為修道院啤酒，而沒有達至這些標準或沒有申請的，只能說自己釀造修道院風格的啤酒，不能在酒標上或其他推廣途徑採用修道院啤酒的字眼。至於這些標準是什麼呢？

1. 啤酒要在修道院內釀造，由修道士親自釀造或在修道士的監督下釀造皆可。
2. 修道院內日常的事務不能以啤酒廠為中心，意思是啤酒廠的業務只可以是次要。
3. 啤酒廠的收入扣除成本及營運開支後，要把收益捐給修道院或作慈善用途。

據說修道院啤酒的出現起初只是修道士釀來自己享用，但當和朋友分享的時候，朋友們都大讚啤酒很好喝，便建議修道士出售啤酒來幫補不穩定的收入，就這樣開始售賣釀出來的啤酒，而且更大受歡迎，便開始研究更多不同的風格。修道院風格的啤酒主要分為 4 種，分別是很少機會可以喝到、不外銷的 Trappist Single、麥味較重的 Belgian Dubbel、香料味豐富的 Belgian Tripel 和酒精度最高的 Belgian Dark Strong Ale。

說回這次行程，雖然沒有到訪修道院啤酒廠，但沒想到那位上海商人竟然給我買了一支 Tre Fontane Tripel，非常驚喜和感動。自此之後大家便成為朋友，每次到上海我都會找他吃飯喝酒小聚一番。

Tre Fontaine Tripel 酒精度達 8.5%，釀造時添加了在修道院內種植的尤加利葉，使香味更加獨特。除此之外，還散發出如香蕉、丁香、柑橘、水蜜桃等複雜香氣，酒體飽滿，口感柔滑又不失清爽。這支酒在香港我也是和好朋友一同分享，味道分外出色。

064

醉過才知酒濃，
愛過才知情重

Domaine Chante Cigale Vieilles Vignes Châteauneuf-du-Pape 2015

人生在世都只不過是一場體驗，世事世情還是親身經歷過才能說出感受和體會到樂趣或共鳴。

走進葡萄酒世界之始是飲法國酒，之後覺得不夠爽快，一來需要耐心經驗醒酒等過程，二來價錢頗昂貴，難以買到自己喜歡的。後來轉「玩」意大利和其他新世界的酒，一年多越飲越感覺良好，漸漸還以為自己真的較偏好意大利酒。誰知道到一個大型法國品酒展去再品嚐法國酒，突然口味「醒覺」，發現當自己見識過其他酒之後，才懂分辨各款酒的差異，繼而重新了解自己的口味，更越來越喜歡嚐酒品味人生！

Domaine Chante Cigale Vieilles Vignes Châteauneuf-du-Pape 2015
散發出複雜的黑加侖子、黑莓果醬、咖啡、黑巧克力、香料、雲尼拿、橡木等多種香氣，入口濃郁剛勁，大量如黑漿果的味道，夾雜著皮革、森林的感覺，單寧柔順，結構相當結實，餘韻悠長，都是以深色水果為骨幹。適合配搭濃味的料理如燒鵝、滷味或濃味的芝士。

「Vieilles Vignes」即老藤、老葡萄樹的意思，特別之處是產果量少但質量高。隨著葡萄藤樹齡的增長，其生產葡萄果粒的數量會越來越少，但每顆葡萄的營養反而會更集中。這樣釀出來的葡萄酒一般會更有層次，風味更好，也更能表達土壤的條件。

065

自己的弱項成為別人的激勵

Vieux Château Certan 1997

步行活動檢查站人員問我：為何還要繼續？我堅定地說：這活動名稱叫什麼呢？是「毅行者」！

1997 年算是法國波爾多一個中規中矩的年份，原因是 7 月和 8 月的天氣異常地十分潮濕，使葡萄的成熟度不平均，產量比 1995 和 1996 年的少，因此如果見到市面上還有 1997 年的波爾多酒大家應該覺得興奮。今天有幸給我遇上，而且保存得很好的 Vieux Château Certan 1997。此酒來自波爾多的波美侯（Pomerol）區，色澤呈紅寶石色，散發出優雅的紅果如櫻桃的香氣，入口同樣優雅，姿態輕盈，果汁感豐富，餘韻帶有橡木和微微的松露風味，感覺和諧平衡。

1997 年也是我非常難忘的一年。我十多歲曾因胡亂減肥加上過劇運動，令自己的雙腿早早就出問題，不能跑步、穿高跟鞋，還伴隨著其他種種健康問題。後來有機會參加步行籌款活動，就選在 1997 年度去行。事前諮詢過專業人士，知道會觸及舊患，但可以提前鍛鍊身體作充足準備，也承諾只任性一次，只想在那年做一件對自己來說會一生記得的事，於是放手一試，做一生人只能做一次的事。

全程 10 個檢查站，結果我在第二個站已感到不妥，後來更站站要「維修」搞一輪，才能再戰，可真是痛苦難耐。當走到第 8 個檢查站時，護理人員見到我痛楚狀況，不忍心又再想勸退我，但我回應說來參與就是要考驗自己，要以毅力去完成一件對自己來說是不可能的事，並請他們幫忙把我所有痛處逐一再緊緊包紮，以減輕痛楚，我就能走完整段路程做到毅行者了。更何況當時在途上每每有隊友說想放棄，我都以自身的狀況鼓勵他們，同時也不想隊友因我而不成隊，因此還有什麼理由不繼續呢？就這樣與隊友一起互勉互勵，體力透支時又會就地睡在路旁小休，更有朋友遠遠買來我愛吃的美食……種種經歷畢生難忘！

066

能力越大責任越大

Château Lafite Rothschild 2017

◇

1982 年的拉菲（Lafite），我「細細個就聽過呢個名」，並已經成為高價酒的代表；成為經典紅酒的代言人；成為奢侈品的表表者。當大家集中注意力在其價格和酒的質素的時候，其實其酒莊也背負著要擴展的重大壓力。

酒莊的視野十分廣闊，不單要做好 Château Lafite Rothschild 此酒，他們的目標是衝出波爾多，投資其他產區，購買莊園和葡萄田。1962 年，他們成功收購了四級莊 Château Duhart-Milon，接著是在蘇玳（Sauternes）產區的 Château Rieussec 和波美侯（Pomerol）產區的 Château L'Evangile，隨後於 1988 年收購在智利的 Vina Los Vascos；於 1999 年收購在朗格多克（Languedoc）的 Domaine d'Aussieres；同年收購在阿根廷的 Bodegas Caro，還有品牌旗下的 Legende 和 Saga，也是暢銷於全世界，在香港不難於各大超市找到。這樣的行銷策略他們稱之為「Lafite Spirit」（拉菲精神）。

要做到如 Château Lafite Rothschild 的效果實在相當困難，龐大的資金不在話下，有能力、有經驗、富國際視野的管理團隊同樣重要，企業精神要在不同地區、不同文化的國家和民族堅毅地實踐出來也絕非易事。

但正所謂能力越大責任越大，拉菲深明他們有責任保持自己的精神，而保持此精神除了繼續創新突破，優良和穩定的品質也是成功的基石，就如這支我在品鑑場合試的 Château Lafite Rothschild 2017，突破性地採用了有史以來最高的 Cabernet

Sauvignon 比例（97%），色澤呈深紫紅色，散發出香甜的黑加侖子、黑莓果醬、巧克力、茶葉、橡木等複雜香氣，入口結實，酒體飽滿，單寧幼滑而且優雅，酸度充滿活力，餘韻悠長而富有力量。

067

百年歌自苦

The Scotch Malt Whisky Society – Cask No. 3.305 The Scents of Perfection

◇

每次出外公幹如果不是太晚，我都喜歡在酒店的酒吧 chill 下，喝杯酒才回酒店房休息，喜歡自己一個人在不熟悉的環境享受那新鮮感，總覺得這樣才算圓滿結束一天的工作，明天可以繼續努力。不過今晚就不同了，因為下午的時候已經夠滿足了，倫敦的朋友帶我到會員制的 The Scotch Malt Whisky Society 酒吧去，還喝了一杯相信是我喝過頭 10 名的威士忌——The Scents of Perfection，是一支 28 年的威士忌，全球只有 209 支！

The Scents of Perfection 來自蘇格蘭艾雷島（Islay），散發出如香水般的香氣，而且十分複雜，除了深色水果、柑橘及西梅乾外，還有巧克力、焦糖、雲尼拿等香氣接踵而來，最後是泥煤味（Peaty）和煙燻味（Smoky），很多層次。香氣的吸引程度令你捨不得喝下，因為你明白到萬一喝完你便不會再聞到這麼迷人的香氣！入口味道相當霸道，像拳手一拳一拳的猛擊，打出來的味道包括巧克力、烘烤味，以及如糖果的甜味，餘韻酒精感明顯（52.8%）而且悠長。

人其實很簡單，活在當下，這一刻能夠喝到一杯這樣的美酒已經心滿意足。作為釀酒師，我有時候也會想現在正在喝我釀造的那位，究竟是怎樣的人呢？蜜蜜啤現時有出口到日本、馬來西亞、中國內地，以及澳門地區，各地飲食文化不同，但對我來說，只要那位飲家是一位有品味懂得欣賞酒的人，也算是對得起釀造者。最怕是百年歌自苦，未見有知音，對牛彈琴，浪費了支酒。

話當年數舊事，所說大同小異，
但就是愛這熱鬧

作雅乃智中取純米大吟釀

一開瓶豐富誘人的蜜瓜、梨子香氣蜂擁而至，未喝已經感覺清甜，果然口感飽滿香甜，充分發揮「中取り」的魅力，餘韻悠長，適合配搭肥美的刺身、壽司。清酒釀好後會把酒液壓榨出來裝瓶，「中取り」的意思是榨酒過程中，最初和最後的酒液不包括在內，只提取中段的部分。

「作」的香港代理商推廣工作做得不錯，不少愛清酒的朋友都會熟悉，就算不熟悉清酒的也會喜歡。或許是這個品牌偏向較新派，有些許碳酸醒胃，所以說配搭肥美的刺身，以及配合壽司醋，不單能夠中和平衡，更會在品酒嚐菜時讓味道昇華，相互輝映。

這回跟喜愛「話當年」的酒界朋友品嚐著新派清酒講舊史種種，昔日你一叫我，我就馬上出現，我有事你又幫我，大家互相照應，雖然每次所說大同小異，但就像新年過節再跟一起長大的表哥表姐們見面團圓時，總愛話當年你數落我，我調侃你的陳年舊事，熱鬧哄哄一整天，就算愛靜、享受獨處的我都會珍惜那些光景。尤其是經歷了這非比尋常的 3 年疫境，倍感能跟親人、老朋友們齊齊整整聚首話當年，每一次都是足以感恩的小確幸了。

有時簡簡單單，不為什麼有沒有意思，只想說說笑笑，把正能量感染身邊的人，已經覺得很不錯。見到他們個個都是老闆了，但一起時無分大小事情，雞毛蒜皮都說一番。幾年間對這業界認識多了，也對酒商的印象有了頗大的不同觀感，但依然相信，我們多是藉酒給自己和別人帶來歡樂而不是借酒澆愁呢！

069

欲到天邊更有天

Nine Tailed Fox
2015

不得不佩服日本人把原產品增值昇華的能力，如炒賣到天價的日本威士忌和可以說是清酒界奢侈品的「十四代」清酒都是近年香港酒界的熱話。而啤酒方面也不例外，在人氣日劇《無法成為野獸的我們》掀起的熱潮下，多了人認識 Nine Tailed Fox。

Nine Tailed Fox 來自日本櫪木縣那須郡的那須高原啤酒廠，成立於 1996 年，是日本皇室御用的酒廠，獲獎無數。最使人好奇的相信是價格，如葡萄酒一樣，不同年份會有不同的價格，而此啤酒 500mL，一般價格由 5000 日元至 17000 日元不等，即大約港幣 280 元至 940 元，很多人就是想知道這麼貴的啤酒究竟是什麼味道，喝後也可以「打卡」炫耀一番。Nine Tailed Fox 的啤酒風格其實叫 Barleywine，不少外國品牌也有生產，如 Fuller's Brewery 的 Vintage Ale、Anchor Brewing 的 Old Foghorn、Sierra Nevada 的 Bigfoot Ale 等等。此風格的靈感來自一些高酒精度和有陳年能力的比利時啤酒。最特別的是 Nine Tailed Fox 系列採用了陶瓷瓶，使氧化的機會減到最低。2015 年的酒精度 11%。我喝的時候是 2021 年，開瓶後散發出非常濃郁的麥芽香氣，還夾雜著焦糖、烤麵包、拖肥糖和一絲絲的紅色果醬芳香，入口香甜，酒體飽滿，陳年後發展出如雪利酒（Sherry）、波特酒（Port）的感覺，餘韻帶酒精溫感和少許堅果味道。

所以不要再說為什麼一支手工啤酒要 40 至 50 元那麼貴，正如葡萄酒有幾千元一支的，也有 100 元一支的，當一杯珍珠奶茶可以去到幾十元的時候，其實 40 至 50 元一支要時間發酵的手工啤酒又算得上什麼？這個世界所有事物，包括產品、知識、修養等都是欲到天邊更有天，所以做人凡事都不應自誇或過分武斷。

070

不要再說沒可能

Ao Yun 2017

說到中國產葡萄酒，又已達世界級數的，不得不提 Ao Yun（敖雲）吧！奢侈品集團 LVMH 旗下的 26 個葡萄酒及烈酒品牌之一的 Ao Yun，葡萄園位於雲南省北部喜馬拉雅山山腳，鄰近香格里拉。據說釀造團隊花了 4 年時間才在中國找到這個海拔高度 2200 至 2600 米、氣候近似法國波爾多的地區，非常適合種值 Cabernet Sauvignon 此葡萄品種。能夠發掘一個新的 terroir（獨特地方風味的環境），相信是每一位從事酒造業夢寐以求的事。

2013 年他們生產了第一支 Ao Yun，當時的酒採用 90% Cabernet Sauvignon、10% Cabernet Franc，當年已獲各大評酒家一致好評，認為是葡萄酒界的新星。而今次我品試的是第一次加了 Merlot 進去、被評為此酒莊至今最出色的年份，採用 77% Cabernet Sauvignon、19% Cabernet Franc、4% Syrah、3% Petit Verdot 和 2% Merlot。這 2% 的 Merlot 使此酒更加圓潤和味道豐富。深紫紅的色澤，大量黑加侖子、黑莓和西梅的迷人香氣，還帶點香煙和橡木的芳香，入口結構完整，剛勁澎湃，有力水但不失優雅，平衡度極高，是一支世界級的葡萄酒。

現在香港疫情緩和，和內地也逐步通關，我希望大家到內地走一走，喝酒的同時感受一下當地的社會發展和人民的生活方式，你可能會發現一些意想不到的，以為沒可能會發生的事情和沒可能會出現的人。

071

老當益壯

Château Léoville Las Cases 1971

◇

巴黎評判（Judgment of Paris），我少年時就已聽過這個葡萄酒界富歷史意義的比賽，發生於 1976 年，一位英國葡萄酒代理商 Steven Spurrier 和他的同事舉辦了一場加州酒對法國酒的比賽，11 位評審都要盲品（Blind Taste）所有參與的酒款。當大部分人都覺得法國酒會輕易勝出的時候，戲劇性的結果出現，紅酒由美國的 Stag's Leap 1973 勝出，她擊倒的對手不是泛泛之輩，而是一級莊的 Château Mouton Rothschild 1970 和 Château Haut Brion 1970，還有二級莊的 Château Montrose 1970 和 Château Leoville Las Cases 1971。當年這些酒的味道究竟如何，真是無從稽考，但今晚我有幸喝到 1971 年的 Château Léoville Las Cases 這位 51 歲的老人家。

說到法國波爾多列級酒莊，我最喜歡的便是聖朱利安（St. Julien）產區的 Léoville 三兄弟（Château Léoville Las Cases、Château Léoville Poyferre、Château Léoville Barton），而被譽為超級二級莊（Super 2nd Growth）的 Château Léoville Las Cases 更是我的摯愛。St. Julien 的葡萄酒別樹一格，沒有波雅克（Pauillac）產區那麼剛勁澎湃，也不像瑪歌（Margaux）產區那麼優雅細緻，反而以果香額外豐富見稱。

Château Léoville Las Cases 1971 是淡紅磚色澤，酒邊呈橙紅色，色澤帶啞但還是清晰，散發出一段一段的黑加侖子香氣，夾雜著橡木、煙草芳香，所有香氣都是一小段一小段的釋出，不會一次過全部給你，相當誘人，入口出奇地幼滑，結構纖細優雅，酸度柔和舒服，對於一支 51 歲的紅酒來說生存至今已經很令人驚訝，還要如此老當益壯，實在不易。

這也是我喜歡葡萄酒的地方，試問世上有哪種酒可以如葡萄酒般具備陳年能力，而且有機會有增長，帶有正面優美的變化？我就是喜歡看到時間沉澱的美好。

072

不招人妒是庸才

Brewdog Jack Hammer Ruthless India Pale Ale

我對曾經在香港開過酒吧的 Brewdog 總是有份情意結，每次出外公幹，總會在出發前上網看看當地有沒有 Brewdog Bar。截至 2022 年 7 月，Brewdog 在全球擁有 118 間 Bars 和 Pubs，在手工啤酒圈內創造了歷史，除主要集中在英國之外，其他國家如美國、法國、中國、日本、德國，甚至冰島等等也有 Brewdog Bar 的蹤跡。除此之外 Brewdog 還經營多間 Brewdog Hotel，也將會在美國拉斯維加斯開設酒吧。

充滿創意和驚喜，每每比同行行先一步是我對 Brewdog 創辦人及行政總裁 Mr. James Watt 的感覺，我會不自覺留意他和 Brewdog 的新聞，追蹤他的社交媒體專頁，想知道品牌的新動向。被這份魅力吸引應該由他在 2011 年首創的眾籌項目開始，能把這樣破格的經營手法在酒吧市場上呈現絕不容易，像我一樣欣賞和佩服他的人應該不少，但當然這樣「叻」的人通常負面新聞也會很多，總會有人看得不爽，或多或少有不同程度的攻擊，例如當年 Elvis Juice 的侵權事件，至近年員工指控 James Watt 的職場文化，以及「純金罐」的市場推廣活動也備受批評，有些 James 認為自己是錯的就已出來道歉，有些他認為沒錯的則依然忽視他人的指責，你有你繼續抨擊，我有我繼續經營。不論誰是誰非，Brewdog 繼續擴大版圖，2022 年 8 月在倫敦滑鐵盧（Waterloo）開幕全英國最大的酒吧，佔地 27500 平方呎！

2021 年蜜蜜啤全國巡迴路演時，我在僅有的時間下抽空到 Brewdog Shanghai 喝一杯。說到僅有的時間絕不誇張，這次全國巡迴路演創造了香港手工啤酒品牌的歷史，由 3 月開始在廣州出發，途經北京、呼和浩特、太原、延安、西安，跟著成都、重慶、貴陽、昆明，再南下江門、廣州，又回到上海，最後5月到深圳和香港，途經每個城市都有舉辦一場酒吧活動，行程十分緊湊。

說回這罐 Jack Hammer Ruthless India Pale Ale，她可以說是我的 all-time favorite，柑橘、西柚的香氣十分明顯，跟著來的是一絲絲的松木和草本芳香，入口乾爽，果味和香氣相似，但很快給澎湃的苦味掩蓋，餘韻悠長，像充滿力量的拳手，一拳一拳地向你重擊，永不止息。我很渴望能把這款我形容為教科書一樣標準的 American IPA，放在我首創多年的啤酒品評師證書課程內，給學員們品試，可惜這款酒在香港已經找不到了。

073

看破不說破

Champagne de Saint-Gall Le Blanc de Blancs Premier Cru

◇

今日很慶幸喝到一瓶我一直未有機會喝到，但想喝已久的香檳。這款香檳很有意思，他來自 1966 年成立的香檳聯盟（Union Champagne），香檳聯盟現時有 15 個合作夥伴，除了經濟效益之外，他們對香檳的熱情使他們走在一起，共享大家的資源，確保每年有穩定並且優質的葡萄供應，分享釀酒和倉儲技術，以及銷售推廣等等。

Blanc de Blancs 代表只採用 Chardonnay 來釀造此香檳，有細緻而又充滿活力的氣泡，色澤呈閃亮的微黃，相當漂亮，散發出小白花的芳香，同時也帶有如檸檬和杏脯的香氣，入口清新，接著給人充滿活力且細緻優雅的感覺，明顯的果味夾雜著一絲絲的礦物風味，非常適合配搭前菜或海鮮料理。

全球葡萄酒市場競爭激烈，香檳更不在話下，有很多國際級的大集團也是持分者，資源豐富，要生存聯盟是其中一個方法，但當然箇中一定會有很多挑戰，但最重要是願景一致、無私互信及良好的商業架構。今天能喝到此酒，相信他們已經成功。在良性競爭下，受益者當然也包括我們這些飲家啦！

希望這良性競爭的氣氛可以感染其他人，不要再惡意中傷同業的產品，不要再「請打手」抹黑和說是非，因為好與不好，不是你說了便算，明眼人很多，「識貨」的消費者也很多，只不過大家看破而不說破罷了！

074

本是同根生

The Scotch Malt Whisky Society – Cask No. 66.112 Smoky, Sweet, Spicy, Salty Popcorn

你相信命中注定嗎？命中注定未必一定是男女之間的愛情關係，也可以是成為朋友的一種緣分，我就有過這樣奇妙的經歷。2018 年獲邀到英國倫敦擔任 World Beer Awards 的評委，這個世界知名的大賽每年都在英國舉行，所以大部分評委都是歐美人士，還以為我是唯一的香港人，怎料這個他突然在我眼前出現。他也是評委之一，四目交投後，我們同樣主動地和對方打招呼，相互介紹自己，因此知道大家都是來自香港。他長居英國，說流利廣東話，還得知他除了是英國啤酒消費者保護組織 CAMRA（Campaign for Real Ale）的成員，還是威士忌協會（The Scotch Malt Whisky Society）的會員，和我這位香港品味潮人啤酒品評師證書課程（TTBI）的課程設計總監和美國 BJCP（The Beer Judge Certification Program）的認可評審真的是「門當戶對」。

大家由啤酒認識，說的話題當然離不開啤酒，但言談間發覺大家原來對威士忌也有研究和鍾愛，首天評審完結後他帶我去了威士忌協會的專屬酒吧，喝了多支難忘的威士忌。啤酒和威士忌本是同根生，大家的主要原材料都是麥芽，只是糖化（Mashing）後啤酒會加入啤酒花，並進行發酵，而威士忌沒有添加啤酒花而發酵後再蒸餾。

2019 年，這位朋友來香港幾天也不忘找我喝酒，最驚喜的是他專程帶了一支威士忌和我分享。這支威士忌來自威士忌協會，名字很有趣，叫 Smoky, Sweet, Spicy, Salty Popcorn，是蘇格蘭高地（Highlands）的單一麥芽（Single Malt）威士忌，散發出花香和一絲絲的草本、焦糖、煙燻、泥煤的香氣，入口細緻和帶有礦物和麥芽風味，61.9% 酒精度。難怪名字那麼有趣，其實是把不同的感官味道直接寫出來。

2019 年中，我很榮幸連續第二年獲 World Beer Awards 邀請到英國倫敦作啤酒評委，我當然也有找這位因為酒而深交的朋友啦！酒選擇了我，也撮合了我和他的友誼。

075

等待讓收穫更豐碩甜美

蜜蜜啤晚收
Doppelbock

○

這款酒的趣事可多了。不論酒名或風格都會有人問為什麼，現在逐一說說，原來這款酒是可以拿來分享品飲啤酒小常識！

首先是酒名，好些人幫此酒改名直叫「晚秋」，還要想改口都不自覺出錯。其實「晚收」（Late Harvest）在葡萄酒世界會讓人聯想到甜酒，因為晚收葡萄酒常指葡萄在正常成熟後還要待果實形成特殊香氣時才採收來釀製葡萄酒，是一門等待的藝術。而這款雙料博克（Doppelbock）雖濃郁但 IBU 只有 23，正是一款甘甜的手工啤酒！

Doppelbock 是一種低層發酵的啤酒風格，這款酒一開瓶隨即散發出馥郁成熟的黑葡萄、櫻桃、黑梅、乾果的香氣，還夾雜著果仁、麥芽、焦糖的芳香。入口幼滑，口感圓潤豐厚，同時感受到麥芽的香甜和酒精感的暖意，餘韻悠長還散發出一絲絲如威士忌般的辛口刺激感。值得慢品細嚐，可說已是啤酒的另一境界！此酒只以啤酒 4 種基本原材料釀造：麥芽、啤酒花、酵母和水，從而釀造出馥郁、富果味和麥味的 Doppelbock 酒款。

酒標設計方面，酒堡莊園上滿天飄揚著金黃色的葉子，營造晚秋的感覺。若仔細觀看，那些葉子的佈局恰巧地不經意形成了一個心形。不過後來我竟發現男女的視覺角度果真是不同的，暫時所遇到的男士均看不到這個心形，而女士幾乎都立即看出來了。

山不轉，路轉；路不轉，人轉

Tripel Karmeliet

一間啤酒廠至今已經由第七代傳人掌舵，究竟是如何育成的呢？當中經過了多少辛酸、堅持和革新呢？

比利時的 Bosteels Brewery，1791 年由 Jean-Baptiste Bosteels 創辦，比起比利時建國獨立還要早上 39 年！擅長釀造 Strong Ale 的 Bosteels Brewery 在 1960 至 70 年代曾經一度受 Pilsner 的興起風潮所影響，釀造出多款 Pale Ale 和 Pilsner 來迎合市場，直至 1980 年代，他們推出了傳奇酒款 Kwak。但今天我介紹的並不是 Kwak，而是在 1996 年正式推出市面的 Tripel Karmeliet。

Tripel Karmeliet 推出後馬上橫掃多個大賽獎項，她採用了大麥、小麥和燕麥 3 種穀類釀製而成，多虧恰到好處的小麥比例，使泡沫更為厚實和持久，香氣散發出如香蕉、檸檬、雲尼拿和香料的複雜芳氣，燕麥的比例也是絕佳，使入口質感如絲般幼滑，味道方面充滿大自然氣息，果味夾雜著如羅勒及迷迭香等香料，平衡度高，餘韻帶有酒精溫暖感而且香甜。

經過歲月的洗禮而屹立不倒，一代傳一代的把祖業傳承下去，箇中的轉變、困難、挑戰我都可幻想到，但其中的實際情況相信要當時人才能深深地體會得到。說那麼多我都是希望日後大家能更加珍惜每一杯啤酒，因為得來不易。

077

做回自己

空藏愛山生原酒
純米大吟釀

◇

我經常說人與酒很相似，酒會隨著時間而老去，但有些酒會風韻猶存，有些酒則會不再閃亮，人也是一樣。又或者做人有時候會受到世俗的影響，或自身的虛榮和驕傲所牽動，使本質遠離初心，甚至背道而馳；酒也有這樣的情況，因為追隨潮流而做出一些不是自己專長的酒，或因利益的關係作出味道或材料上的妥協等等。

所以我特別欣賞日本酒中的無濾過生原酒，多數清酒都會加熱殺菌兩次才推出市面發售，首次是過濾後，開始存放及等待熟成之前，第二次是加水進原酒後，裝瓶前。而「無濾過生原酒」意思是沒有經過過濾，也沒有加水，兩次殺菌也沒有做的生酒。這樣的酒酒精度較一般清酒高，而且酒的風味也沒有經過濾和殺菌後而流失，保持酒的原味。但保存方面則相當講究，包括運送在內要全程冷藏，這方面不可以妥協。

空藏愛山生原酒純米大吟釀是 2022 年香港品味潮人清酒大賞內無濾過生原酒組別的最佳清酒，而且同時獲得用家組最高金賞和專家組銀賞，使用 100% 兵庫縣的愛山米，微黃的通透色澤，清爽如甜瓜、熟梨的香氣，入口富張力，厚實圓潤，如糖果的清甜，高貴優雅，餘韻帶點甘香，一絲絲的旨味在口腔內盤旋，久久不散。

有時候你的本質是怎樣便應表現出來，做回自己，太多修飾太多偽裝反而變得隨波逐流，平平無奇。

078

喝得出的人情味

Freixenet Casa Sala Gran Reserva Brut Nature 2007

◇

說起香檳你會想起法國，想起很懂保護自身利益的法國人早在1891年已經在《馬德里協定》中簽訂了只有在法國香檳區及符合相關釀造標準的酒才可使用「香檳」一詞。此舉動無疑能把香檳的獨特性提高，而此獨特性在法律的規管下更是不可侵犯，加上法國人對葡萄酒的熱愛、釀造工藝的悠久歷史和認真的技術，香檳的價格也比其他同樣採用傳統釀造技術（Traditional Method）的氣泡酒為高。

除了法國香檳，我對同樣是採用傳統釀造技術、來自西班牙的氣泡酒（Cava）也是情有獨鍾！還記得2016年到訪西班牙便參觀了至今已有160年歷史的Cava品牌Freixenet的酒莊，在巴塞隆拿出發，車程大約45分鐘。到埗後深深吸引我目光的，便是那見證著歷史的巨型招牌，十分宏偉。採用傳統釀造技術的氣泡酒最重要一環莫過於是陳釀的時間和技術，西班牙Cava至少要陳釀9個月，而Gran Reserva（特級珍藏）更需要陳釀30個月，而且在陳釀期間必須加入酵母和糖使酒在瓶內二次發酵，產生二氧化碳和提升酒精度，而瓶內的酵母會慢慢地自我分解，最後變成分解殘渣（Lees）留在瓶內。接著，最講求人手的一部分出現了——人手轉瓶（Riddling），全人手將酒瓶垂直過來，以便在瓶頸處收集這些分解殘渣，而這樣轉瓶的工序往往要做20多次，才能把所有沉澱物收集在瓶頸進行吐酒渣（Disgorging）的工序。所以在科技發達的現代世界裏，人手製作並不是「土炮」，反而是就算明知成本高還要堅持的匠藝精神。

說回酒莊，最嘆為觀止的肯定是進入20米深、陳放了1億5千萬瓶 Cava 的酒窖。酒窖相當大，部分地方我和團友是要乘車參觀的。最後是品飲環節，除了包含了的兩杯 Cava 外，我還額外叫了一杯 Freixenet Casa Sala Gran Reserva Brut Nature 2007，採用 Xarel-lo 和 Parellada 葡萄品種釀造，氣泡依然旺盛，果味清新，散發出青蘋果、西柚、檸檬的香氣，入口清爽，更有明顯的烘烤麵包的感覺，餘韻乾身帶奶油幼滑感。這種便是人手工藝的堅持，喝得出的人情味。

079

忘年戀上自己，
讓我們敵過歲月

Château Ausone 1975

Château Ausone 1975 來自法國波爾多 St. Emilion 產區最高級別的 Premier Grand Cru Classé A 級酒莊，通透的棗紅色澤，香氣以紅色水果為主，夾雜著含蓄的橡木和泥土氣息。讓人驚訝的是入口如天鵝絨般幼滑，而且酒體幼滑和密度高，感覺非常有活力，很多潛藏的東西還未放出來，果然醒酒一個半小時後，果味變得更為複雜，除了紅色水果，還多了黑加侖子、西梅、乾果等味道，餘韻乾身而悠長優雅！

這支酒是 1975 年的，是否還比你「年長」呢？

近來發現身邊 70 後的朋友開始有些因預備步入中年而來的心理危機，雖說「多漂亮都只不過是一塊皮」，但誰不愛美？尤其天生一張美臉、「靠樣搵食」的一群。因此，如今越來越多人整容美顏，男女皆是，手術成功還好，但看到、聽到更多的是失敗的個案，讓他們身心俱損，真是心疼！

上周與一位許久不見的年輕朋友相約吃飯，見他緩緩走來，忽然覺得他這一年間變了很多。從前他眼神清澈，給人乾乾淨淨的感覺，陽光氣十足，可說是一位帥哥，但現在油光滿面，眼睛失去了以往的純粹，明明才 30 歲左右，滿嘴陳腔濫調，就似想告訴我他經歲月的洗禮而成熟了很多，堪稱年輕有為，卻不知道我看在眼裏只見他外貌變成了一位大叔，再聽他口中所分享的「大道理」時更見他彷彿猶如一個沒感情的播放器，個人見解欠奉，我對他的欣賞也只能成為過去！反觀 70、80 後的叔叔們，一般涵養會與日俱增，若果眼眸裏還流露出活潑調皮，將潛藏在心底裏的一點純和真釋放出來，年齡再大，都讓人覺得年輕而睿智！

人會隨著成長經歷而越來越有內涵，這是我們的資本，耐心給些日子讓自己豐富的內涵釋放出來好好發揮，到時候別人自然會感受到並欣賞，欲速則不達呢。就如這支 Château Ausone 1975，沒耐心待其醒來就喝完，很多未釋放出來潛藏的東西也不會品嚐到，非常浪費！年輕的不用急於求成，年長了就靠著心態讓自己心境長青，所謂「有諸形於內，必形於外」，加上身體健康就身心靈皆美了。其實可以享受到幼兒、童年、少年、青年、中年這些階段至優雅或開懷地老去成為人的一生，每一個階段一步一腳印，不太短也不會很長，最重要樂在其中，忘年戀上自己吧，就不用太強求逆轉什麼了。

080

「不過是人非夢，
總有些真笑亦有真痛」

Chardakhi Saperavi
2020 Georgian Wine
Red Dry

杯中物色澤呈絲絨深紅色，一開瓶時除了格魯吉亞酒（Georgian Wine）一貫的原始氣息，酒體稍為重身，沒有什麼特別的表現。大約半小時後，開始散發出如紅莓、紅色果醬的芳香，入口纖細優雅，密度高，而且如絲綢般幼滑，果汁感豐富，漂亮的酸度與一點點的香料感相當匹配。過了一個小時後，整支酒完全開放了，多了一份濃郁感，外剛內柔，真是相當扎實的一支好酒！

每當我拿著格魯吉亞酒時，就會想起一位同樣外剛內柔的朋友 Connie。她在香港經營銷售格魯吉亞酒近 20 年，如說香港女兒梅艷芳嫁給了舞台，那麼說 Connie 嫁給了格魯吉亞也未為過！

Connie 性格大大咧咧，最近一次讓我感受猶深的事，是我讚賞她在直播介紹好酒美食時說得生動傳神，引得人垂涎欲滴，本來只是隨口一句話而已，誰知她竟以花膠煲鮑魚、優質牛做「餌」，邀請我到她直播現場作客，結果好像大食會般豐富，還親自給我盛了一碗又一碗滿滿的花膠，又煎牛排，根本不用我動手，有這樣的「酒肉朋友」真是窩心！

當大家酒過三巡，她說出近日跟一位幾十年的好朋友發生了很不愉快事件時頗激動，讓人看得到她的心痛！她這樣大大咧咧的烈女個性，真的要找到信她、懂她、容她的友伴才好。不然，只有在受到傷害後才會知道縱使做人不可自私，要講義氣，但也得要先愛惜自己，才有能力好好地愛護身邊的人。外剛烈內心軟的女人啊，又有多少人會懂你們呢！

說回格魯吉亞酒，此酒採用的 Saperavi（莎貝拉維）一樣外剛內柔，耐寒耐旱，屬晚熟葡萄品種，所釀造出來的 Chardakhi Saperavi 2020 Georgian Wine Red Dry 起初原始氣息感滿滿，散發出獨特深色水果濃厚和微鹹鮮味，只要慢慢品嚐你可體會到她後段的溫柔。Saperavi 原產地是格魯吉亞，是一個經典古老黑葡萄品種，別具陳年耐力。現今種植區域橫跨至與土耳其交界，主要在卡特利（Kartli）和卡赫基（Kakheti）都有。

Saperavi 是格魯吉亞語，意思是油漆、染料，相信是基於它深黑的表皮而這樣命名的。而今天品嚐的這款酒來自位於 Kakheti 省東北部的 Kvareli 區，是盛產 Saperavi 的地區，所屬酒莊 Lago Winery 的莊主 Lago Bitarishvili 是格魯吉亞東面以 Qvevri 傳統技術釀酒的大師。此酒在連皮釀了 4 個月後轉入鋼槽（Steel tank）。聽 Connie 說莊主從來不參賽也不推廣，因年產量僅 600 支，但都已賣給她送到香港來。說到這裏，擔心酒價格好貴嗎？也不是的。

081

常持一顆赤子之心

帝松吟釀一番搾り八面玲瓏

無過濾而且只做一次火入殺菌的吟釀酒香氣果然額外新鮮，果香集中富有活力，精米步合 60%，入口優雅純樸，平衡度高，餘韻帶有堅果的風味，喝得很舒暢。果然酒如其名，八面玲瓏，無論在哪個角度去欣賞，都是那麼亮麗通明！

邊喝邊看著八面玲瓏此成語，我的腦海裏漸漸浮現了一張男性臉孔。但我把八面玲瓏套在他身上，並不是說他對人圓滑或有高超的交際手段，而是他真的予人光明磊落、通達的感覺。他以真誠去待人接物、面面俱到，但我又不會以善於社交形容他，只會說與他一起時你會很自然地甚麼都聊。我有一位朋友每次在我的活動上見到他時都會不禁在我耳邊帶著讚嘆說：「他的動員能力太強了吧！每次見他真的很受歡迎，誰在他身邊都是高高興興的，年齡的隔閡對他們一群由十幾至幾十歲的朋友來說似乎難以存在，他們會自然而然結成一群，而且歡樂聲總不絕！」

所說的就是紀實攝影師 CK Lee，也是「熊貓蜜語」中的心靈酵母企鵝冰冰的「真身」。誰沒有被人在背後說話呢，但我又真沒聽過有關他的。CK 親和力很強，總見他對甚麼都像漫不經心的，他只有在攝影技術、風格相關的範疇上會有所執著，而且他執著起來時都得花些工夫與他討論才行，其他的事物他都沒所謂，非常慷慨。曾經好幾次，他拜託我幫忙約些好友飯聚，並低調地私訊我說明他想請食飯，做到名副其實的「你請客，我埋單」。他為人平實、不甚主動，但在他對人家提及到他有興趣的旅遊路線計劃、一些熱熱鬧鬧的品酒嚐菜活動時，他便會表示「我有興趣，預我啊！」，臉上更流露出一絲絲的童真和誠懇，叫人怎麼不愛跟他做朋友呢！

CK 人緣那麼好，事出必有因。他為人簡單、慷慨，保持一顆赤子之心，童心未泯，讓自己活得自在豁達，身邊人自然感覺舒服，還求甚麼呢！

082

「我心中開著一扇門，
一直等待永遠青春的歸人」

白蘭樹下
Perfume Trees Gin

白蘭樹下是第一支本地香港人製作的氈酒（Gin），也是我家中第一支和唯一的氈酒。此酒採用的材料包括白蘭花、印度檀香木、陳皮、龍井及當歸，獨特的白蘭花香氣是重點，優香而且典雅，入口陣陣果香，十分華麗，適合為各類雞尾酒帶來更多層次。

看原材料頗具本地香港人製作的色彩。還記得第一次見創辦人之一的張寅傑（Kit Cheung）時，是在中環海濱活動空間舉行的餐飲界盛事香港美酒佳餚巡禮。當時留意到他的展位有不少粉絲在等著他所調的雞尾酒，所以就隨著排隊人龍眺望過去，所見的他除了外形獨特，他在弄雞尾酒時的舉手投足是會令你想駐足觀賞一會的，當然，他所調出來的雞尾酒也是很吸引的。原來和我同行的 Tomy 認識張寅傑，見狀就直接帶著我去找他，傾談一會後更覺他有其個人魅力。難怪白蘭樹下如此有個性！凡事必有因。

現在每每我從灣仔走到中環 8 號碼頭的自家店 MiMiChannel 時，當經過中環海濱活動空間那段路，一定想起曾去過幾屆的美酒佳餚巡禮，也總會停下來看海，感覺現在的寧靜與那時候的熱鬧有著兩極的差別。期待 2023 年的巡禮，如可以重辦，相信會場會人群爆滿。

海風依舊輕拂面，人面卻不知何處去，想到已失聯的摯友，從未試過獨個兒喝烈酒的我，現在別無他選只想喝這白蘭樹下，因它的幽香適合腦海裏所想到的女生。慢慢品嚐著酒，伴隨一曲由王菲與那英合唱的《歲月》，久久不能釋懷。這兩位好姐妹像相互呼應地演繹出她倆所作的詞：「千言萬語就在一個眼神 / 生活是個複雜的劇本 / 不改變我們生命的單純⋯⋯不管走過多遠的旅程 / 感動不一定流淚 / 感情還一樣率真。」王菲飄逸的嗓子更把歌詞意境從縈繞耳畔直到心坎，勾起我對好朋友的惦念！

時間長短，空間距離，都成不了心間思念的攔阻屏障。好朋友，你教曉我要更細心、敏感地留意身邊人的情緒，不管要多走幾多步；好朋友，只願你一切安好。

083

越專業越是要知道學問
是不同範疇的細分

Auchentoshan The Bartender's Malt

這是 Auchentoshan 每年和不同 bartender 合作的限量版。當時到達參觀酒廠後，我在芸芸產品中被此酒瓶的文字描述所吸引而選購。千里迢迢帶回香港，果然沒令我失望，金銅的色澤，散發出複雜的香氣如橙皮、焦糖、肉桂，入口幼滑，十分優雅，帶有獨特如橙酒、砵酒、百花蜜及香料的辛辣味，餘韻悠長，依然是那特別迷人的橙香，非常好喝！

說到酒廠之間或與相關人士的協作關係，我想起了 2018 年我和 Tomy 創立的品味潮人啤酒品評師證書課程。辦這個課程的目的是希望讓喜愛手工啤酒或對酒類有興趣的朋友和我們一樣，可以把我們的理念「興趣變專業，專業變事業」實踐出來。2019 年國際美酒展，品味潮人應邀為主辦單位負責一個節目，我們讓新晉品味潮人啤酒品評師（TTBI）擔當主講分享手工啤酒知識，希望他們在教學相長中汲取經驗。自 2020 年 9 月，此課程開始與香港歷史悠久的學術機構香港管理專業協會協辦課程，提升手工啤酒在香港大眾的形象，為餐飲業界培訓啤酒專業人士，也為有興趣或有意投身啤酒行業的人士提供專業及全面的知識。

開展第一期的課程時已有 50 多名學員參與，當中包括威士忌界、清酒界的知名導師。我們想不到香港威士忌界先驅林明志（Eddie Nara）會報讀課程。或許是因為手工啤酒跟威士忌同出於麥，所以產生興趣，也覺得應多了解自己不熟悉的範疇。他體現了越專業的專家，就越是要知道學問是不同範疇的細分，應互相尊重和學習。受到林明志的啟發，對烈酒有點卻步的我其後也報讀了他親自教授的 Whisky Ambassador 課程，並考取了相關資格。

084

差不多先生

蜜蜜啤
Juicy Juicy IPA

◇

今天天氣悶熱，在舖頭「打雜」之後，要對自己好一些，開一支好酒慰勞一下自己。想了良久，決定喝蜜蜜啤的 Juicy Juicy IPA，這是我在 2019 年第二款創作的手工啤酒，當年的創作理念是要同一時間推出兩款 IPA，而味道要各有不同，但材料都只採用釀啤酒的 4 種基本原材料：麥芽、啤酒花、水和酵母，沒有其他額外添加物，目的就是要告訴大眾手工啤酒的多樣性和趣味，IPA 都可以有不同味道的。

材料一樣而又要做到味道明顯地有不同，真的要動多點腦筋，麥芽和啤酒花的組合分量要有分別之餘，下材料的時間和溫度控制也要講究，要做到一絲不苟，而且要很準確。感恩過往的成長經歷教曉我做任何事都不可以「差不多」了事，所以經過多次調研之後，兩款 IPA 誕生了！而 Juicy Juicy IPA 更成為我們蜜蜜啤在香港市場最暢銷的產品。這款 Juicy Juicy IPA 酒如其名，散發出大量如荔枝、熱情果、西柚香氣，入口幼滑，果汁感非常豐富，餘韻又不失 IPA 的苦度，但那種苦也是相當天然，感覺像西柚皮的苦，口感複雜而可飲度高。加上我用了自己設計的專利手工啤酒杯品嚐，享受度更加倍增，因為此杯的設計很特別，杯口狹窄使香氣更加集中；水晶玻璃物料使嘴唇和酒液的接觸面增加，口感更加飽滿；而直長的杯身可使酒液更快到達舌頭的尾段，舌頭的尾段對苦味特別敏感，所以更能突顯啤酒迷人的甘苦味；最後是如波浪一般的杯形（所以這隻杯命名為「WAVE 杯」），可使酒液在杯內的流程加長，使酒更幼滑，除此之外，我們喝啤酒很多時候喝到最後大部分泡沫已經揮發掉，但這個杯的形狀在你揮動杯的時候可把啤酒的泡沫重新「撞」出來，所以喝到最後也能有足夠的泡沫。

085

觀念改變心態

De Venoge Louis XV Brut Champagne 1996

一直都很疑惑，為何要以昂貴的價格買陳年老酒來喝？首先要貨源可靠，然後要認識其特質，懂得如何處理，才能享受其最佳的狀態；一個不留神會浪費掉，開一支就沒有一支了，而且到手後需要花時間慢慢品嚐，不能著急，又要選擇是獨個兒去嚐抑或找同好一起品嚐，如決定跟朋友分享，接著就要考慮「酒腳」的酒品和知識。或許喝酒不全在酒本身，一起品嚐的夥伴同樣很重要。總之，有那麼多變數和條件因素，還要買如此奢華的老酒？但當多了跟朋友品嚐舊酒的體驗，漸漸明白箇中樂趣。

就如今天品嚐到的這支陳年香檳 De Venoge Louis XV Brut Champagne 1996，採用了 50% Pinot Noir 和 50% Chardonnay 釀造而成，至少在酒莊內陳放 10 年才推出市場。通透的黃金色澤，細緻還算持久的氣泡，一絲絲的柑橘、奶油和烘麵包的香氣，每種香氣都來得十分細緻溫柔，入口帶有如杏脯、果仁的味道，酸度充足，相當華麗，餘韻有種踏實的感覺，悠長而清甜。適合搭配各類芝士、冷切肉（Cold Cuts）。

對我來說，單單欣賞香檳的色澤，又看看那優雅的瓶身線條也很享受。後來更知道原來香檳除了清新的氣色和味道，還可以有醬油味，而這並不是因為酒變了質。這讓我一瞬間想到，人文科學裏每一門課都有學問，也留有空間讓我們深入探索，同時能自我發掘情趣，增長各方面的知識。然後我們又因要享受好東西，願意付出心思、耐性，那當然包括時間了。最後最大的受惠者其實是我們自己。正如我品嚐這支 27 年前的香檳的體驗，讓我從中明白到老酒的價值所在。我也發現，品嚐老酒的過程，有點像我們日常的待人處事，若給予耐心，態度認真，定會有意想不到的收穫。

086

Less is More

燦然純米吟釀生原酒

很久沒有喝過那麼清涼暢快的清酒！這支燦然純米吟釀生原酒，清新爽朗的酒體是重點，一開瓶那透徹的雪梨、青葡萄香氣已經相當吸引，入口清甜而不膩，清爽的感覺十足，餘韻乾淨利落，就算只是喝了一口，我也知道如果給我一整瓶也可以喝完，沒難度！當然，還是要有美食相配才好，例如若搭配籠仔荷葉蟹膏糯米飯，真是絕配！

從開始接觸清酒，個人偏好總是無濾過生原酒、生原酒或生酛系，其濃厚酒造好適米風味、原始的香氣和味道，以及獨特的乳酸菌味非常吸引。生原酒在儲藏前和入樽前，兩次過程中都沒有經過加熱殺菌（火入）程序，當然應記一功，可是，想喝的話就跟信譽良好的商家購買，因生酒需要保存和物流都做得恰好，在適當的溫度和濕度下才可以保質。而原酒就是沒有加水調降酒精度，即是酒精度比一般清酒略高。

雖說一個人也可以把一整瓶喝完，還是去跟單身了幾個月、現剛開始談戀愛的女生分享好酒，順道聽一下她的新戀情，無所不談。幸好帶了這支濃厚風味的生原酒，不然以她沉浸在愛戀蜜月保鮮期中、被甜言蜜語所感動的狀態，喝大吟釀都嫌味淡，不夠她甜呢！

親愛的祝福你，我的掌聲或肩膀隨時都在。乾杯！

第四章

CHAPTER FOUR

回味

一邊品嚐，一邊回憶種種人和事，別有一番滋味在心頭。

087

道德許可證效應

蜜蜜啤 Ruby 洛神花 Gose 酸啤

◇

不知大家有沒有聽過「道德許可證效應」呢？此效應的理論是，當我們做了些好事，對自己感到滿意時，就自覺有權利去獎勵、放縱自己而不太自責。難怪我每次運動鍛鍊或跑步後都想喝冰凍的啤酒，一來可以解渴，二來原來是道德許可證效應發作。

今天也不例外，在中環海濱跑步後馬上回舖頭買了支蜜蜜啤 Ruby 洛神花 Gose 酸啤。蜜蜜啤在香港釀造，但早已衝出香港地區，在中國內地、日本和馬來西亞銷售，這在香港釀造的手工啤酒中是寥寥可數的，若能到日本這個出名要求高的國家更是難上加難，真的可以說得上是香港人的驕傲。蜜蜜啤更是首個獲得香港品牌發展局及香港中華廠商聯合會頒發「香港新星品牌」獎項的手工啤酒品牌，確是實至名歸！至於什麼是「Gose 酸啤」呢？古斯（Gose）在中世紀已經盛行，起源於 Gose River，德國中部的一個城市戈斯拉爾（Goslar）內的一條河，後來在德國的萊比錫（Leipzig）發揚光大，遠在 1740 年已有文獻提及有關 Gose 風格的啤酒在萊比錫出現，1900 年萊比錫聲稱共有 80 間 Gose 釀酒廠，但二次世界大戰後大部分酒廠都相繼關閉，時至今日 Gose 再度活躍。傳統的風格是加入了芫荽籽及鹽的小麥啤酒，酒色帶有明顯朦朧感，突出的果香及如檸檬一般的酸度是其特點，芫荽籽及鹽的個性會帶出清新、新鮮的感覺，也增加解渴的感覺。

說回蜜蜜啤 Ruby 洛神花 Gose 酸啤，此酒有國際級的水準，注入了洛神花釀造，使啤酒的色澤有如紅寶石一樣悅目，散發出梨子、青蘋果、西柚和檸檬的鮮果香氣，恰好的酸度帶來相當高的清新感，生津解膩，可飲度極高，餘韻不覺苦味，帶著迷人的洛神花特色。做完運動喝手工啤酒真是太療癒了！

但這個道德許可證效應理論真的很有趣，除了獎勵自己，也有「補償」機制，當有一天喝得多了或吃得太放任之後，第二天好自然又想做運動去「補償」，因為有罪疚感。人生就是一個循環……要對自己的健康負責任，所以對我來說適量飲酒是最佳減壓良方，在緊張自律的生活下，除了身體要健康，心靈上的健康同樣重要。今天是星期五，乾脆努力工作，放工後喝一杯「獎勵」自己吧！

088

除卻巫山不是雲

La Chouette BIO Cider

今天雖然是假期，但我要到灣仔辦一點小事，我選擇了由尖沙咀乘坐天星小輪，可以慢活下來吹吹天然的海風，享受一下漂亮的維港景色，順便到自己舖頭和員工打個招呼。今天天氣有點悶熱，來到舖頭的時候剛好店員正在介紹酒給一位我想大約 20 多歲的女士，聽到她們的對話，女士因為天氣悶熱想喝有酒精的凍飲，但又覺得手工啤酒太飽肚，店員便介紹她喝蘋果酒（Cider），她說：「Cider 氣泡感沒有那麼明顯，而且酸酸甜甜，十分清爽。這支在 2020 年拿了世界第一，好好飲！」女士很快便回答：「那我信你，我要這個！」

聽到店員介紹得那麼好，又想到自己已經很久沒有喝過了，於是馬上來了一支。店員介紹的是來自法國的 La Chouette BIO Cider，在 2020 年榮獲在英國舉辦、有啤酒奧斯卡美譽的世界啤酒大賽（World Beer Awards）Cider 組別內的 World's Best Keeved Cider。World Beer Awards 是一年一度的世界大賽，在新冠疫情前我也曾經連續兩屆獲邀成為其中一位啤酒評委，知道主辦方超級專業、認真，規模很大。Keeved Cider 意指沒有添加糖，採用天然方法完全利用蘋果本身的果糖發酵的 Cider。

此 Cider 除了熟透蘋果的香氣之外，還散發出迷人如酸啤般帶有乳酸菌的 funky 香氣，入口豐富，蘋果的甜酸度非常平衡，微氣泡感相當清爽，可飲度高，不覺膩，餘韻恰到好處帶有一絲絲的單寧，相當出色！

我細味享受著⋯⋯回過神來才記得我是要乘坐天星小輪到灣仔

的，當我和店員道別正準備離開之際，剛才那名女士又再進店，今次和另一位女性朋友一同到來，對店員說：「我要多兩支你剛才介紹的法國 Cider，太好喝了！」

在船上，我回想起剛才的女士，不禁會心微笑，畢竟嚐到好酒是應該和朋友分享的。而我，望著漂亮的藍天，享受著天然的海風，回味著那天然的 Cider，感覺到造物主的偉大，大自然的美好！心裏突然想起「除卻巫山不是雲」此中國詩句，我以後應該不會喝其他 Cider 了。

法國 Cider 和其他國家的 Cider 最大的分別是原材料：一、一般國家採用平時的食用蘋果（Table Apple）作為原材料，而法國有專責用來釀造 Cider 的蘋果（Cider Apple），味道更獨特；二、很多國家容許採用 100% 濃縮蘋果汁，但法國在嚴謹的法規下只可以採用最多 50% 濃縮蘋果汁，更能保留天然的蘋果香氣；三、很多國家的 Cider 會添加糖，但法國的法規嚴格要求添加糖的分量。

089

啤酒的配餐能力不容忽視

Lindemans Cuvée René Oude Gueuze Blend 2020

葡萄酒配餐相信大家聽得多了，由於葡萄酒種類繁多，所以能夠一道菜配一款葡萄酒。但說到種類多，啤酒也絕不遜色，超過 120 多款風格的啤酒，多樣性不下於任何酒類，而擁有二氧化碳更是其配搭不同料理、食材的優勢！

兩天前我和我的經理人 Kennie 舉辦了一場別開生面的 Beer & Food Pairing Dinner，當晚安排的私房菜料理可以說是「無國界」，中西菜合璧，一道菜配一款啤酒，有宮保雞丁配上不苦而且有解辣能力的香港代表「蜜蜜啤壽司啤酒」、紐西蘭肉眼扒配 IBU 達 70、來自美國的 Stone IPA，但最出色的配搭一定是鮑魚海鮮煲配比利時的 Lindemans Cuvée René Oude Gueuze Blend 2020。Gueuze 是酸啤的一種，傳統的 Gueuze 又稱香檳啤酒，是把出產一兩年的及陳放了 3 年的 Lambic 混合在一起，香氣比一般的 Lambic 更複雜，而且氣泡更豐富，平衡度也相對較高。

Lambic 是一款獨特、古老，與現代常見的啤酒截然不同的啤酒風格。現代常見的啤酒廠講求潔淨，啤酒廠內的環境與設備都必須相當整潔，經常清洗，甚至消毒，確保人工培養的酵母不被外來細菌及其他微生物所感染。但 Lambic 在這方面剛好相反，正宗的 Lambic 起源自布魯塞爾（Brussels）附近的塞內河谷區（Senne River Valley），採用天然、存在於空氣內的野生酵母和乳酸菌發酵啤酒（和日本清酒的山廃技術類似），天然的酵母和乳酸菌充斥於啤酒廠內每一個角落，如果把啤酒廠清潔得一乾二淨，有機會會把重要的微生物趕走。還有另一個分別是 Lambic 採用已氧化超過 3 年或以上的啤酒花來釀造，已氧化的啤酒花變為啡色，而且喪失了平常啤酒花會貢獻的苦味，但啤酒花天然防腐的能力仍然得以保留。所以 Lambic 風格的啤酒酸度相當高，不苦，而且具備陳年的能力。

說回 Gueuze 酸啤，色澤金黃帶橙，散發出一些如泥土、動物、皮革、濕木、森林等來自大自然的複雜香氣，酸度比較收斂，帶有檸檬、西柚、橙皮等熱帶水果的味道，餘韻酸而不苦，不單能把鮑魚海鮮煲的鮮味帶出，更使啤酒的味道昇華，變得更有層次，十分享受。最開心是看到賓客驚訝的表情，使他們對啤酒的多樣性改觀。

090

特定名稱酒

御代榮琵琶湖之鯨無濾過生原酒

很多人都有個誤解，在日本清酒的世界最高級別和最好喝的清酒一定是大吟釀或純米大吟釀，因價格多數比較高，但其實時至今日，日本清酒已沒有什麼高級低級的制度，取而代之是利用精米步合來分別不同的類型，稱為「特定名稱酒」。

精米步合即每粒釀酒米外層的磨損度，如精米步合為 40%，即每粒米外層的 60% 被磨損，棄掉。而棄掉的米多數會用來做其他的副產品如美肌用品、肥皂等等。因米的外層有不同的雜質如蛋白質、旨質，把它磨掉會使釀出來的清酒味道較清、果香花香較明顯。日本清酒便是採用這個精米步合的技術來分級，50% 或以下的列為「純米大吟釀」，如加入釀造酒精的便叫「大吟釀」，60% 的列為「純米吟釀」和「特別純米酒」，如加入釀造酒精的叫「吟釀」和「特別本釀造」，「純米酒」沒有特定的精米步合的要求，而「本釀造」便定在 70% 或以下。把米磨得越多，米的用量自然要用得越多，所以這是純米大吟釀和大吟釀價格比較高的重要原因之一，和其質素的高低，好不好喝無太大關係。所以日後不用非大吟釀不喝，其實只是一個風格而已，很多本釀造、純米酒都很有個性，配餐的能力反而更強。

說到風格，我一定要介紹這支很特別的無濾過生原酒，是一款你喝過便會記得的類型，就是來自日本滋賀縣的「御代榮琵琶湖之鯨無濾過生原酒」，採用特別的釀造法，在三段式釀造（三段仕込）中添加了甘酒，把酒精濃度提升至 20%，但一開瓶散發出的不是酒精味，而是如蜜瓜、青蘋果的迷人果香，隨後是較熟的水果如香蕉、熱情果等，沒有做「火入」（一般清酒都採用一種叫巴氏殺菌的瞬間加熱殺菌法，防止乳酸菌在酒液內孳生和殘留酵母的活性。而生酒便沒有進行任何殺菌，清新爽口的味道較明顯，必須冷藏儲存。）的生原酒帶微碳酸，入口十分清爽暢快，但酒體又出奇地厚實，密度超高，微酸帶有濃郁旨味相當吸引，餘韻悠長帶甘甜。

一支讓人感到震撼驚訝的清酒，就如遼闊的琵琶湖內出現鯨魚，讓人驚艷！

091

我給予100分的清酒

北島生酛愛山

認識我的都知道我和我的經理人 Kennie 在 2017 年開始創辦了香港首個清酒大賽，名為香港品味潮人清酒大賞（Hong Kong Tasting Trendies Sake Awards），是一個焦點放在香港市場、專業認真，以及認受性高的一年一度清酒比賽。當年我們有見香港人超熱愛日本飲食文化和產品，更發現香港原來是日本清酒出口的首兩大市場之一！我非常欣賞日本匠人對原創的尊重和匠藝的執著，同時也為了讓日本酒造更了解香港這個龐大出口市場，於是就首創了這個比賽。比賽目標明確，就是期望發掘香港人的口味，並教育市場清酒的多樣性，更以「品味指標大發現」為口號。現在想來，在 6 年前創這個先河都算大膽創新！在評審團架構方面我們也十分創新，除邀請一眾清酒業專家擔任專家組評審外，也首創了用家組，讓得獎清酒更具代表性，代表香港人喜歡的口味。

在 2021 年那一屆我也是其中一位專家組評審。清酒按風格分為不同類別，整個賽事以盲品的形式進行，一眾評審包括我在內也不知道我們當時品評是哪一款酒，公平公正。當我們試到山廃或生酛此類別的時候，有一款酒十分吸引我的注意，散發出迷人的旨味、熟飯味、獨特的鹹香，入口幼滑清香，味道複雜多變，礦物味豐富，平衡度高，簡直有種馬上想吃生蠔的感覺。經過反覆品試之後，結果我用完美來形容，給了 100 分，其餘同組的評審都給予很高的分數，最後成為當屆的亞軍。這支酒名字叫「北島生酛愛山」，來自日本滋賀縣，實至名歸！

092

憑威士忌闖出一片天

The Scotch Malt Whisky Society – Cask No. 112.20 Sweet, Sassy and Playful

◇

我喜歡夏季到英國旅行，一來天氣不會像其他日子一般大風大雨、溫度較低，而且日照時間長，往往到晚上 8 至 9 時太陽才開始下山。還記得 2018 年獲邀請出席在倫敦舉辦的 World Beer Awards 擔任評審，順道又可以去旅行。World Beer Awards 人稱啤酒界的奧斯卡，每年在英國倫敦舉行，是啤酒界中最頂尖的世界一級賽事，各國的啤酒品牌都以能夠獲獎為榮。評審過程在 5 年前我的另一本著作《走進手工啤酒世界》已經介紹過，在這裏暫不再提，反而想分享一下我第一次到 The Scotch Malt Whisky Society（蘇格蘭麥芽威士忌協會）經營的專屬酒吧的經歷。

The Scotch Malt Whisky Society 是全球享負盛名的威士忌協會，除蘇格蘭和英格蘭外，全球世界各地包括香港在內也有分會。酒吧位於倫敦市中心的 Grenville Street 19 號，實行會員制，非會員要在會員陪同下才可以光顧，而且其他規矩也較多，例如有 dress code，忌穿拖鞋或涼鞋及短褲進入；每杯享用的分量都是 25mL；不是每個地方都可以拍照。酒吧周末中午已開始營業，這麼早便喝威士忌的人，一定是像我一樣是酒類的狂熱分子。酒吧不造作，裝修很簡單，那次我一共喝了 3 款「協會酒」，最令我印象深刻的一定是 Cask no.112.20 Sweet, Sassy and Playful。所謂「協會酒」，由創辦人 Pip Hills 在 1970 年代偶然發現直接從木桶中提取，純正而未經稀釋的威士忌，味道非常特別。但當時威士忌行業的一眾專家認為這種烈酒過於古怪，對一向以精緻味覺見稱的威士忌來說太具挑戰性了。不過 Pip Hills 相信自己的眼光，終於 1983 年和他的朋友成立了 The Scotch Malt Whisky Society，以最純粹的形式表達威士忌，把風味的多樣性和品嚐的樂趣和大眾分享。這種正正是今時今日很多 start-up 的創業精神，產品要和現有市場有分別才有機會闖出一片天！

說回 Cask no.112.20 Sweet, Sassy and Playful，來自蘇格蘭高地（Highlands）的羅曼德湖蒸餾廠（Loch Lomond Distillery），經過 10 年陳釀，我形容她是一款入口即溶的威士忌，散發出香甜的拖肥、荳蔻、西梅、漿果和黑巧克力香氣，入口後有如肥皂泡般一瞬即逝的感覺，但味道卻能一直保持在口腔內，那些焦糖、漿果和巧克力味道，像黑森林蛋糕般持續豐厚，實在匪夷所思！加了幾滴水後，香氣和味道進一步打開，多了一份堅果和土壤的香氣，入口更細緻幼滑，烘焙後的漿果味更為突出，餘韻香甜悠長。

093

愛是恆久忍耐

Château Smith Haut Lafitte 2009

◇

愛可以有很多種，可以是情侶之間的愛情，可以是父母對孩子或孩子對父母的愛，也可以是熱愛運動、工作，熱愛自己的興趣，但說到愛大自然，尊重風土條件，法國酒莊 Château Smith Haut Lafitte 會在我的排行榜上佔很高的位置。

2013 年 6 月，我和當時上海的合作夥伴曾拜訪位於波爾多的 Château Smith Haut Lafitte，感恩的是當時接見我們的正是莊主 Florence Cathiard 女士，從她口中深深地感受到她和丈夫 Daniel Cathiard 對大自然的愛，不單只是保護，而是採取最低程度的干預，相信生物動力種植（Biodynamic），更甚的是她給予葡萄園另一使命，協作培養一個適合大自然各類生物的生態環境，在葡萄園附近種植其他植物，如果園、林地，設置蜂箱。在環保方面，採用太陽能發電，回收雨水，善用能量轉化等等。

之前在一份報導更得知酒莊 在 2019 年成功獲得有機農業認證（Organic Agriculture Certification），要知道這些認證得來不易，必須經過日復一日年復一年的堅持，以及恆久忍耐才能達成。

說回酒莊之行，當年在 Florence 安排下試了多款不同年份的 Château Smith Haut Lafitte，最深刻的都是 2009 年，深紫的色澤，散發迷人的花香、黑色漿果、橡木及甘草香氣，入口圓潤而帶有超強的厚實感，密度高，我最喜歡那份帶礦物味餘韻，和香甜的單寧相互配合，難怪葡萄酒評論家 Robert Parker 會給 100 分了。

愛一樣東西或愛一個人不難，難就難在付出的恆久和忍耐。

094

通天老倌

Gouden Carolus Imperial Dark

近年特別留意一些選星的電視節目，發覺今時今日歌唱比賽要脫穎而出絕不容易，五官端正、外形討好已經是基本要求，年紀越輕更會越有「加分」的吸引力。會彈奏多種樂器也差不多是必須的，最好能作曲作詞，總之要十八般武藝樣樣精通。其實在現今世界哪有一行不是這樣，在酒界你也要成為「通天老倌」，你懂品葡萄酒，大眾會認為你懂葡萄酒配餐是當然；你品飲能力高的時候，別人會覺得其他酒類也應該難不到你。雖則每款酒類各有不同，但時代也同樣不同了，正如演而優則導，很多藝人要歌影視多方面發展，餐飲業集團也要創造更多品牌，不可能墨守成規。事實上我自己也是如此，曾被傳媒稱為「3 合 1 全能品酒達人」，自己都覺得自己是一位「通天老倌」。由葡萄酒貿易開始，到成為餐飲配對拓展業務顧問，繼而鑽研手工啤酒和在香港生產梅酒，創辦清酒比賽擔任評審到成為認可威士忌大使，不斷增值才能使自己更有價值。

說回選星比賽，我最佩服和欣賞參賽者的是他們敢於突破自己，明明沒有學過跳舞的，也會去表演跳唱。他們不是不自量力，而是要對觀眾展現自己的可能性，有膽識和決心跳出舒適圈，有恆心和毅力付諸實行，這十分難得，希望日後各行各業都會多一點這樣的精神。這就如我喜歡的比利時啤酒品牌 Gouden Carolus，由 1872 年開始，至今已有 150 年釀造啤酒的歷史，在 2009 年他們跳出舒適圈，開始裝嵌蒸餾酒設備，到 2010 年底正式開始生產蒸餾酒，而蒸餾的正正是和啤酒本是同根生的威士忌。威士忌和啤酒一樣，都是採用大麥為主要原材料，只是經工序使大麥出糖後，生產啤酒會加入啤酒花和酵母，而生產威士忌則沒有加入啤酒花，發酵後再蒸餾和在木桶內陳放。大家日後有機會到比利時不妨到 Gouden Carolus 參觀，參加導賞團，可以同時間參觀啤酒廠和蒸餾廠，兩廠之間只相隔 8 公里，有專車接送。

而 Gouden Carolus Imperial Dark 便是其中一支我最喜歡的啤酒，每年的 2 月 24 日，為慶祝傳奇國王查理五世 (Charles Quint) 的壽辰而釀造，是具陳年能力的 Belgian Dark Strong Ale。深琥珀色澤，香氣非常複雜，帶有西梅、提子乾、黑巧克力、堅果、焦糖、麥芽糖等香氣，酒精度高達 11%，但入口清甜，不覺太強的酒精感。如葡萄酒一般的酒精度，散發如威士忌的香氣，加上啤酒的細滑泡沫，此酒也是一名「通天老倌」。

095

實惠的奢華

Fuller's Brewery Vintage Ale 2019

如果要說出近年最火熱、一種熱潮能席捲全球的酒類，我相信會是手工啤酒。能做到這個效果，最基本的原因當然要好喝，而且款式多、味道豐富，口味又多元化。不過若要探索最深層的因由，我就認為與品味的享受有關，她讓我們不用花費太多金錢，不奢侈也能有高級享受。我稱呼這做「實惠的奢華（Affordable Luxury）」。加上大部分人年輕時第一次喝酒都是先喝啤酒，雖然對象大多是商業啤酒，但亦足以令大家預先接受了啤酒的味道，所以當手工啤酒的「浪潮」來到時，也較容易被大眾接受。

再者，如果要喝到頂級的葡萄酒，往往需要四位數字甚至五位數字，而威士忌及清酒也早已趨向這個狀況。但手工啤酒就不需要了，一般手工啤酒只需要幾十元便可以買到，如果是頂級的極其量都只要百幾至幾百元。這是一個大家都能消費得起的價錢，就好像英國殿堂級酒廠 Fuller's Brewery，還記得多年前我獲邀擔任在英國倫敦舉辦的 World Beer Awards 評委，順道參加了 Fuller's Brewery 的酒廠導賞團（Brewery Tour），在香港時已經網上預約了日期時間，到達倫敦坐地鐵到 Turnham Green 站下車後，向 Chiswick Lane 方向步行約 20 分鐘便到，相當容易無難度，尤其是今時今日有智能手機和地圖 apps，非常方便。而且由於這區的樓房普遍不會興建得太高，離遠已可以看到 Fuller's Brewery 的招牌，還有巨型的酒款品牌標誌（London Pride、ESB），那種宏偉的感覺就像到了英超大球會的主場一樣，很有氣勢！酒廠導賞團大約兩小時，導遊講解得非常深入，由磨麥芽機開始至糖化桶，再到發酵槽，都講解得很仔細，很值得大家參觀。

在酒廠導賞團完結後我買了很多支酒，其中一款便是 Fuller's Brewery 的頂級之作 Vintage Ale，每支 Vintage Ale 都會保留酵母在瓶內，在瓶內進行二次發酵，是一款可以陳年的啤酒。此外，此酒每瓶都註有入樽的年份和獨一無二的編號，極具收藏價值，由 1997 年開始每年都會創作全新的配方，當年所買的是什麼年份已經忘記了，今天開的是 2019 年，採用了新西蘭的 Wai-iti 啤酒花，散發出檸檬、焦糖、堅果的豐富香氣，入口飽滿圓潤，密度高，雖然有 8.5% 酒精度，但不覺得有強烈的酒精暖感，餘韻像不會終止般相當悠長。當時購買時都只是港幣 107 元，500mL，這種價錢就能享受到如此奢華，滿足！

096

真愛是簡單純樸，幸福是

感覺自在和諧

愛の幸福手工洛神花酒

近日在一套華語劇聽到女主角向一位大和尚討教：「若是有一段緣分，如何知道它是良緣還是孽緣？」大和尚回應道：「無掛礙故無恐怖，遠離顛倒夢想。所以是良是孽，在於施主你如何想而不在緣分本身。」就這樣女主角就解惑了！

幾天前剛跟一位 20 多歲的女友人聊天，幾年間她的戀愛道路崎嶇不平，大多是合則來也可說散就散，短短幾個月就分手了。直至一年多前才終於出現了一個讓她隱約感覺到什麼是愛情的男人。本以為她自此會安定下來，結果還是在兩個月後便與他分開了。友人哭得很傷心，那段時間為了開解她，我近乎每晚與她講電話至凌晨 4 點多，她還斬釘截鐵地說什麼心累得很，不想再談情說愛了，要以事業為生活的重心。豈知道她最近又談戀愛了，這一次，我能看見她發自內心的喜悅，感到非常幸福。她說彼此價值觀相同，可以做回自己不用遷就，連以往被數落的種種不是，在如今這位年長她 10 年的男朋友眼中卻是可愛之處，更以照顧她、安排他們拍拖節目為樂。這樣簡單、溫馨的日常，讓友人感到很舒心，幾乎不會有吵架的時刻，自然能嚐到什麼是愛的幸福滋味了！

這讓我想到香港製造並最新推出市面的愛の幸福手工洛神花酒。除了是創新之作，特別之處是它的取名和所帶出的訊息都融會在酒裏！

當初一看它通透的酒色，燈光下竟有點像紅寶石。入口很順滑，酒體馨香滑溜，讓我想到幸福感的自在和諧！我先是將酒冰凍後才飲，一開瓶散發出大量紅莓、青蘋果、檸檬等水果香氣，入口時在嘴唇上已經感覺到酒液像橡皮軟糖般的彈性，酒體圓潤幼滑，結構厚實多層次，果汁感豐富，甜酸度適中，相當平衡，酒精感不明顯。我最喜歡那帶有清甜洛神花風味的悠長餘韻。

喝完一杯後，第二杯決定加幾顆冰塊，神奇地洛神花本質的花香馬上釋放出來，一邊搖著杯子，一邊聽著冰塊擊碰杯子和開始溶化的聲音，十分療癒。入口除增添了一份冰涼感外，暢快感也倍增，但我驚訝味道並沒有沖淡，真的非常好喝！

之後也嘗試了如 highball 般混和 soda water，入口一樣的柔滑細膩多層次，多了氣泡感更覺爽快！這 3 種飲法都各有特色。

為了表達出幸福感，宣傳海報以熊貓蜜蜜和大獅啤啤在觀賞流星的背影為主要設計，讓人從視覺的溫馨感受至味覺的感動！這款酒的味道不複雜，正是演繹出愛的幸福感在於純樸和簡單。

097

「味」壓群雄

秀鳳山田錦
純米大吟釀原酒

◇

秀鳳，都算是近幾年在香港清酒市場冒起得最快的品牌之一，除了高品質而且有具代表性的口味之外，老闆的努力絕對功不可沒。我跟這位老闆結緣是因為清酒，我們在多年前報讀了同一班的清酒課程，班上同學感情很好，不定時會出來聚餐，後來才知道他是秀鳳的香港總代理。我看得出寡言的他有自己的一套經營手法，默默耕耘做實事，由一款秀鳳山田錦純米大吟釀做起，後來更引入更多口味，如秀鳳的雄町、雪女神、出羽燦燦等不同米種，賣到街知巷聞。我相信當中過程絕不簡單，一定交了不少學費，但我欣賞他的性格，相信自己，從而堅毅不屈。

秀鳳山田錦純米大吟釀原酒來自日本山形縣，精米步合 47%，具代表性的菠蘿香氣相當吸引，入口圓潤，華麗高雅，米味和果味交集，複雜之中也不失清爽暢快感，香甜的餘韻相當迷人，是一款每次喝都不會令我失望的好酒，難怪能「味」壓群雄，成為第一屆香港品味潮人清酒大賞的全場總冠軍！

還記得香港品味潮人清酒大賞當年也是在沒有太多支持，甚至在不被看好的情況下開始，沒有參與任何小圈子的我們也只懂默默耕耘做實事，做好自己。今年即將舉辦第七屆了，不知不覺香港品味潮人清酒大賞已經成為日本以外，亞洲歷史最悠久的清酒大賽，我們會繼續努力，初心未曾變過，讓香港人認識更多清酒之美。

098

十年前你在做什麼？

達磨正宗 10 年古酒

常聽到「人生有幾多個 10 年」，現在一邊品嚐這杯勇奪香港品味潮人清酒大賞（TTSA）兩屆（2018、2021）全場總冠軍的達磨正宗 10 年古酒，一邊嚐著蘇杭名菜東坡肉，好愜意，chill！來自白木恒助商店的 10 年古酒，屬於薰、爽、醇、熟的「熟酒」，在杯中時散發出一段段的焦糖、香菇、乾果和醬油的複雜香氣，琥珀色澤，入口超級幼滑如絲綢，好像有種一不小心便會滑下去的感覺，味道濃郁如陳年花雕酒，圓潤的口感十分飽滿，充滿著口腔，多層次，非常複雜。因其獨特香氣、口感、味道和餘韻均有辨識度，曾品試的人都會有深刻印象。很多人喝第一口時就馬上說她會令人聯想到大閘蟹，對！此酒相當適合搭配蟹類，能提鮮。

在品嚐這酒時，自然瀏覽一下官方網站的資訊，原來白木恒助商店第七代釀酒師杜氏白木壽（Hitoshi Shiraki）是一邊喝著 10 年古酒，一邊悠閒地回憶，更問你我：「10 年前你在做什麼（10 年前、あなたは何をしていましたか）？」讀者朋友你呢？過去 10 年你做了什麼啊？

似乎我們一看到「10 年」這幾個字都會像「中降頭」般不期然地去回顧，至少我和白木先生都是。一個年代為連續的 10 年，畢竟人生沒有幾個 10 年，驀然回首，真是感慨！

回顧中搜索到自己 2015 年做了部幻燈片短片《給明年後的我：蜜蜜想》，並上載到 YouTube 頻道，不經意寫下了勉勵自己的句子——一個夢想牽引行動，一生事業在乎策劃，一年大計貴乎起動，一份使命實現願景……2016 年挑戰自己，與拍檔 Tomy 創立品牌品味潮人（Tasting Trendies），以創意、活動推廣我們的願景——酒遊食世界品味潮流。2017 年首創了屬於香港人的香港品味潮人清酒大賞（TTSA），也就是達磨正宗 10 年古酒官網上隆重其事、圖文並茂展示出來的榮譽獎項。達磨正宗代表社員白木滋里（Shigeri Shiraki）女士於當年還跟他們日本代理商專程飛來香港跟香港代理商一起由 2018 年至高榮譽頒獎嘉賓、前博愛醫院主席李鋈發先生手中接過獎杯。回到日本後接受日本傳媒訪問，日本報章報導了香港人創辦了一個香港品味潮人清酒大賞。

除了首創香港人清酒比賽，我們也策劃了創新評審團，專家組以外還首創用家組。TTSA 設立宗旨是為了讓消費者易於找出適合自己口味的產品，所以首創用家組，探索專家用家口味是否如我們假設的有所不同；專家組和用家組各自評分，所以基本上每支酒都是跟「自己」挑戰，看能在專家或用家組上拿什麼獎項，同時也在競逐冠亞季軍。結果經過 6 年賽果分析發現真的大不同，但經教育後，才把距離拉近。所以說，這個創新用家組別具意義！換句話說，達磨正宗 10 年古酒能兩屆奪魁，實力非凡。

日本酒藏以他們的傳統匠藝引以為傲，而我們 TTSA 是香港首創的清酒比賽項目，供求雙方互相欣賞和尊重，多美好的一件事。TTSA 2019 能得蒙日本國駐香港總領事館支持，至高榮譽頒獎嘉賓更是日本國駐香港總領事館副總領事（2019）廣田司先生；又在香港會議展覽中心舉辦的國際大型博覽會 HOFEX 中首辦了 TTSA Pavilion。2021、2022 年日本領事在頒獎典禮上致辭時特別給主辦機構 KsoArts Limited 和 TTSA 創辦人，以及這比賽對業界的貢獻給予十分的肯定和讚許。

2018 年我們開辦了原創的品味潮人啤酒品評師證書課程，以提高香港人對啤酒的認知。

回顧到這裏收筆，繼續享受我的酒肉，補充能量後又再努力。大家加油！

099

飲酒都要知己知彼

Saison Dupont

這年發現香港真的多了很多免費戶外臨海消閒好去處，今次特別去了炮台山東岸公園打卡，難得的遼闊景觀，又多讓你可以拍出很多層次及色彩照片，適合「hea」足一天。近半個月都是下雨天，今天天公造美，藍天白雲，加上這裏豐富色彩的格局，真的好減壓，唯一是太熱！ 走了兩小時要回程去解解暑，經過油街見到文青旅遊景點，是一小座過百年歷史舊時代的紅磚建築，我對這類建築頗感興趣，加上這裏近年進行活化和綠化，是氛圍不錯的休憩空間。以前每次在外面經過，都會被吸引，忍不住停一停看一看，現在經過就進去打個圈感受一下氛圍，順便在室內逛一會。幸好人不是很多，還可以悠閒地在綠化空間坐坐。

6 點過後走到另一條街的一間比利時餐廳去吃晚餐，幾年沒外遊，走進這餐廳讓我覺得有點像身在外國的餐廳。更重要是酒餐牌，算有誠意，如果在 happy hour 時段光顧更划算。今天叫了幾支 750mL 的比利時啤酒，以這支 Saison Dupont 最為深刻，因為在我第一次接觸手工啤酒時就曾經品嚐過，所以印象較深，更何況都是在曝曬後很渴時喝這款比利時農夫特別在夏天釀造的啤酒呢！Saison Dupont 是比利時啤酒 Saison 的典型，持久豐富的泡沫，新鮮細緻的香橙、青檸香氣，酸度適中，餘韻帶有如香料的啤酒花般辛口，十分解渴，適合配搭薄餅，或以茄醬為底汁的菜餚大致上都很配。

飲酒能知己知彼，即是自己至少會很清楚自己當下處於什麼狀況，而又能知道什麼風格的啤酒是什麼樣特色和味道，就如今天久渴遇上一杯 Saison，超爽！

100

挑戰與突破

蜜蜜啤探險家CK Pale Ale

我經常跟我的學生說釀啤酒其實並不困難，原則上像煲湯一樣，只要在適當的時候放入適當分量的材料，控制好溫度和時間，如無意外都能夠釀出啤酒的。而難的地方就難在我們不只是釀兩三人的分量或兩三支的啤酒，而是一次過要釀至少兩千多支的啤酒，加上我個人喜歡創新，不會只跟隨別人的配方來釀造，每次都盡力自創一試難忘的味道。

正如剛剛推出市面的「探險家CK Pale Ale」，這是參考一位紀實攝影師的真實故事來創作，要做出一款有他的感覺的啤酒。這位攝影師很厲害，曾到過全球超過 80 個國家，而其中一個他最喜歡的地方是南極，喜歡的動物是企鵝，我花了很長時間才想到希望做出一款有冰極清涼感的啤酒。一開始想的馬上是加薄荷或其他香葉增加其冰涼感，但我的經理人 Kennie 很快便「ban 咗」我，原因是她說如果只採用釀造啤酒的四大材料麥芽、啤酒花、水和酵母，沒有添加其他東西也能夠做出特定味道的才是啤酒大師，加荔枝有荔枝味算得上什麼，沒有加還有明顯的荔枝味才是強！

所以我不介意再花更多的時間，我要挑戰自己，結果感謝主，我能不負所託創作了這款只用了釀造啤酒的四大材料，而有冰極清涼感，不只是從雪櫃裏拿出來的冰凍感覺，而是啤酒在喉頭有額外「涼浸浸」的感覺，而且此酒有令人興奮的柑橘、蜜瓜、漿果和西柚香氣，充滿活力，口感柔滑，餘韻乾身結實，平衡度高，啤酒花香與麥芽味十分和諧。沒有那材料但能做出那味道才是突破，才令人驚喜！

100 酒

100 支酒圖錄

每一支酒，除了帶給我們一試難忘的味道，更盛滿了回憶。
望你能與她們度過最好的時光。

001

002

003

004

005

006

007

008

009

010

011

012

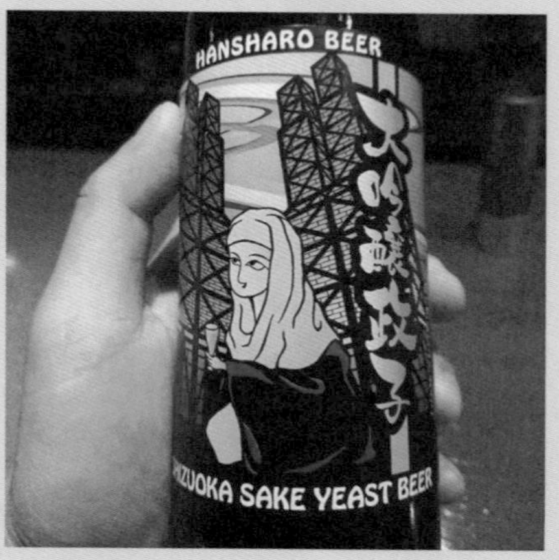

007/ Masahiro Okinawa Gin /p.43
008/ 迦南美地 Riesling 2018 /p.45
009/ 蜜蜜啤世外桃源 Weissbier /p.47
010/ 鶴沼 Gewurztraminer 2017 /p.50
011/ The Balvenie Doublewood Aged 12 Years /p.52
012/ Hansharo Shizuoka Sake Yeast Beer /p.55

013

014

015

016

017

018

013/ Anderson Valley Barney Flats Oatmeal Stout /p.57
014/ Vega Sindoa Tempranillo 2020 /p.60
015/ Da Shootz! American Pilsner /p.62
016/ Tamaya Limari Valley Syrah 2008 /p.65
017/ Behemoth Brewing Summer in a Can Hazy IPA /p.68
018/ Kuehn Kerlig Hell /p.70

019

020

021

022

023

024

019/ 帰山参番純米吟釀 /p.72
020/ 伊勢角屋麦酒 Cardamom Porter /p.74
021/ Château des Vigiers Bergerac Cabernets – Merlot 2014 /p.76
022/ 蜜蜜啤焓IPA /p.79
023/ 瑞鷹熊本の地酒阿蘇万歳純米酒 /p.81
024/ VandeStreek Playground Non-Alcoholic IPA /p.84

025

026

027

028

029

030

031

025/ Senac Non-Alcoholic Sparkling Apple Drink /p.88
026/ 花の露純米大吟釀 /p.92
027/ 七冠馬山廢仕込純米吟釀 /p.94
028/ 天之藍 /p.97
029/ 961 Lebanese Pale Ale /p.99
030/ Scarpa Tettineive Barbaresco 1989 /p.101
031/ Houblon Chouffe IPA /p.104

032

033

034

035

036

037

032/ 天の戸貴樽貴醸酒 /p.107
033/ 多満自慢山廃純米原酒 2015 /p.110
034/Gulden Draak Smoked /p.112
035/ Jimsher Saperavi Casks Blended Whisky /p.114
036/ Château Dauzac 2005 /p.116
037/ 二兔純米吟釀山田錦 55 /p.119

038

039

040

041

042

043

044

038/ Moon Dog X Lervig — Kveik Aussie Hopped Hazy IPA /p.121
039/ Château Monbousquet 2013 /p.123
040/ Jean Leon Vinya La Scala Cabernet Sauvignon Gran Reserva 2011 /p.125
041/ Bifuel 2015 Italian Grape Ale /p.127
042/ Stone FML Double IPA /p.130
043/ 咸亨雕皇青瓷 10 年陳 /p.132
044/ 賀蘭紅赤霞珠 2016 /p.134

045

046

047

048

049

050

051

045/ 越後櫻大吟釀 /p.136
046 / 京姬一酌一景大吟釀 /p.139
047 / El Rincón de Nekeas Chardonnay 2019 /p.142
048/ 京都北山六友純米吟釀原酒 /p.144
049/ Château Le Cléret 2015 /p.146
050/ Fratelli Veglio Vigna Carpegna Barolo 1971 /p.149
051/ Georgian Valleys 2010 Khvanchkara /p.152

052

053

055

054

056

057

058

052/ 有磯曙純米吟釀獅子の舞 /p.155
053/ Château de Haute-Serre 1981 /p.158
054/ 賀蘭紅香港限量版赤霞珠乾紅葡萄酒 2016 /p.161
055/ Château Mouton Rothschild 2014 /p.166
056/ Auchentoshan Single Malt Scotch Whisky 21 Years /p.168
057/ Rocchevibert Barolo Vigneti Rocche 2003 /p.171
058/ Torres Mas La Plana 2013 /p.174

059

060

061

062

063

064

065

059 /Ayinger Celebrator Doppelbock /p.176
060/ 茅台鎮窖藏原漿酒 /p.179
061/ 達磨正宗海中熟成梅酒 /p.182
062/ Straffe Hendrik Quadrupel /p.185

063/ Tre Fontane Tripel /p.187
064/ Domaine Chante Cigale Vieilles Vignes Châteauneuf-du-Pape 2015 /p.190
065/ Vieux Château Certan 1997 /p.192

066

067

068

069

070

071

072

066 / Château Lafite Rothschild 2017 /p.195

067 / The Scotch Malt Whisky Society — Cask No. 3.305
The Scents of Perfection /p.198

068/ 作雅乃智中取純米大吟醸 /p.200

069/ Nine Tailed Fox 2015 /p.202

070/ Ao Yun 2017 /p.204

071/ Château Léoville Las Cases 1971 /p.206

072/ Brewdog Jack Hammer Ruthless India Pale Ale /p.209

073

074

078

075

076

077

079

073 / Champagne de Saint-Gall Le Blanc de Blancs Premier Cru /p.212

074 / The Scotch Malt Whisky Society — Cask No. 66.112 Smoky, Sweet, Spicy, Salty Popcorn /p.214

075 / 蜜蜜啤晚收Doppelbock /p.217

076/ Tripel Karmeliet /p.219

077/ 空蔵愛山生原酒純米大吟釀 /p.221

078/ Freixenet Casa Sala Gran Reserva Brut Nature 2007 /p.2

079/ Château Ausone 1975 /p.226

080

081

082

083

084

085

086

080/ Chardakhi Saperavi 2020 Georgian Wine Red Dry /p.229
081 / 帝松吟醸一番搾り八面玲瓏 /p.232
082 / 白蘭樹下 Perfume Trees Gin /p.235
083 / Auchentoshan The Bartender's Malt /p.238
084/ 蜜蜜啤Juicy Juicy IPA /p.240
085/ De Venoge Louis XV Brut Champagne 1996 /p.242
086/ 燦然純米吟釀生原酒 /p.245

087

088

089

090

091

092

093

087/ 蜜蜜啤 Ruby 洛神花 Gose 酸啤 /p.250
088 / La Chouette BIO Cider /p.253
089 / Lindemans Cuvée René Oude Gueuze Blend 2020 /p.256
090/ 御代榮琵琶湖之鯨無濾過生原酒 /p.259
091/ 北島生酛愛山 /p.262
092 / The Scotch Malt Whisky Society — Cask No. 112.20 Sweet, Sassy and Playful /p.264
093 / Château Smith Haut Lafitte 2009 /p.267

094

095

096

097

098

099

100

094 / Gouden Carolus Imperial Dark /p.269
095 / Fuller's Brewery Vintage Ale 2019 /p.272
096 / 愛の幸福手工洛神花酒 /p.275
097/ 秀鳳山田錦純米大吟釀原酒 /p.278
098 / 達磨正宗 10 年古酒 /p.280
099/ Saison Dupont /p.284
100 / 蜜蜜啤探險家CK Pale Ale /p.286

[書名]
100支酒與我和他和你

[作者]
方啟聰
靈思

[責任編輯]
羅文懿

[書籍設計]
姚國豪

[出版]
三聯書店（香港）有限公司
香港北角英皇道四九九號北角工業大廈二十樓
Joint Publishing (H.K.) Co., Ltd.
20/F., North Point Industrial Building,
499 King's Road, North Point, Hong Kong

[香港發行]
香港聯合書刊物流有限公司
香港新界荃灣德士古道二二〇至二四八號十六樓

[印刷]
美雅印刷製本有限公司
香港九龍觀塘榮業街六號四樓A室

[版次]
二〇二三年二月香港第一版第一次印刷

[規格]
大三十二開（140mm × 210mm）三〇四面

[國際書號]
ISBN 978-962-04-5136-2

三聯書店
http://jointpublishing.com

JPBooks.Plus
http://jpbooks.plus